价值

万予芯———— 著

用数据优化
设计力

设计

机械工业出版社
CHINA MACHINE PRESS

如今，同质化产品越来越多，好的产品要想脱颖而出，产品体验设计不可或缺，因此设计师的价值也越来越被重视。在体验经济时代，如果你是创业者、管理者或产品经理，但你不了解体验设计，那么你可能无法理解消费者需求，从而无法改进产品或指导其他人工作。如果你是设计师，在AIGC（人工智能生成内容）工具越发强大的时代，却不具备全链路设计能力，没有跨学科的思维和能力（如产品设计思维、数据分析、用户研究），那么你的设计价值可能会局限在装饰，你的工作甚至最终会被人工智能替代。

本书的重点研究主题是这个时代真正的设计价值是什么，以及如何科学有效地衡量和优化产品的设计力，提出价值设计模型。价值设计模型主张让数据贯穿设计的始终，通过数据找到并定义问题，发现设计机会点，用数据衡量设计效果，最终实现让设计赋能商业增长的目的。本书重点阐述了价值设计模型的体系化工作流程和方法，共8章，分别介绍了基于双钻模型的设计思维工作框架，从需求出发理解业务目标，利用数据分析工具找到洞察，通过用户研究确认问题，设计目标及衡量指标，进行竞品分析，测试设计方案，以及用数据驱动设计的实践案例。

本书不仅有理论，还有实践案例和体会，适合对设计行业感兴趣，或者想系统学习设计流程和工作方法，或者想提升行业竞争力的读者阅读。对那些想具有商业、数据和用户思维的互联网产品经理、运营和营销人员、管理者和创业者，本书也有价值。

图书在版编目（CIP）数据

价值设计：用数据优化设计力 / 万予芯著 . —北京：机械工业出版社，2024.1
ISBN 978-7-111-74582-2

Ⅰ. ①价⋯　Ⅱ. ①万⋯　Ⅲ. ①产品设计 – 研究　Ⅳ. ① TB472

中国国家版本馆 CIP 数据核字（2024）第 061985 号

机械工业出版社（北京市百万庄大街 22 号　邮政编码 100037）
策划编辑：刘　洁　　　　　责任编辑：刘　洁
责任校对：潘　蕊　陈　越　　责任印制：李　昂
天津市银博印刷集团有限公司印刷
2024 年 6 月第 1 版第 1 次印刷
170mm×230mm・16.5 印张・1 插页・291 千字
标准书号：ISBN 978-7-111-74582-2
定价：109.00 元

电话服务　　　　　　　　　网络服务
客服电话：010-88361066　机 工 官 网：www.cmpbook.com
　　　　　010-88379833　机 工 官 博：weibo.com/cmp1952
　　　　　010-68326294　金　书　网：www.golden-book.com
封底无防伪标均为盗版　机工教育服务网：www.cmpedu.com

前　言

随着近年来社会经济水平的不断发展，体验经济已经成为继服务经济之后新的人类经济发展阶段。好的体验已经渐渐成为消费者买单和获取高溢价的原因，体验也成为各行各业新锐品牌的核心竞争力。与此同时，体验设计与设计师也越来越被重视。传统设计师的角色在大趋势下也发生了变化和转型，从过去单纯的修饰者到具备全链路设计能力的体验设计师、服务设计师，甚至是产品的驱动者。

这里的全链路设计有两种定义，一种定义是做 T 字形人才，钻精于视觉或交互，并且从横向的跨度上理解商业，掌握用户研究（简称用研）、交互、视觉和技术以及营销、运营知识等。另一种定义是全链路把控体验推进的过程，例如从开始的用户调研到方案立项、落地，再到方案验证，在整个过程中，设计师是一个体验主导者的角色。

为适应角色的变化，特别是在 AIGC 不断普及的背景下，设计不仅仅需要关注技法与生产力的提高，更应该通过科学的论证方法和数据导向，挖掘出影响产品生命周期的核心指标，拓展设计的边界，驱动商业的增长和产品的提升。这是体验经济时代给设计师提出的一个比较高阶的要求，同时也是 AIGC 时代传统设计师的重要转型策略，需要设计师掌握更多的核心专业能力来提升自己的竞争力，从而让自己、让设计实现更大的价值。

那么如何衡量设计价值，如何建立对设计和体验的评价标准，以及如何运用数据来优化设计力，赋能商业增长，从而为企业创造更大的商业价值，将是本书重点介绍的主题。

大概出于我们是业界少有的需要背业务指标的设计团队的缘故，我对于数据驱动商业增长特别敏感。我和我的团队做了大量的项目实践以及线上、线下的优化迭代，取得了一些成果。同时，在业内增长领域的专家以及同行朋友的帮助下，我逐渐成长起来并且掌握了一系列相关的方法论。于是，在 2019 年 GrowingIO 增长大会上，我有幸得到 GrowingIO 张溪梦先生的邀请，做了相关的演讲，获得了一定的肯定。之后，我不断复盘，总结并且优化我的理论。同时，我也参加了一些用户体验设计行业的相关活动来分享我的数据驱动设计的经验，让越来越多的朋友了解它，并且在他们的日常生活中能够更好地运用它，以提升设计价值。

最近三年，我不断拓宽思路，不仅研究用户体验设计领域，还拓展到服务设计领域。2020 年，我有幸入围了光华龙腾奖中国服务设计十大杰出青年的候选人名单并且参加了答辩与颁奖仪式。在与业界同行讨论与切磋后，我最终将这一套价值设计的方法论运用到服务设计领域。我希望在不远的将来，服务设计领域也能不断地涌现出各种能提升设计价值的方法论，让整个行业更加欣欣向荣。这是我作为一个普通设计师内心期待的。

本书内容

第 1 章　设计价值与价值设计：主要介绍设计价值与价值设计模型，设计与数据的关系，以及设计师要具备的数据思维和增长思维；

第 2 章　从需求出发理解业务目标：介绍设计师如何深入到业务中，学会定义北极星指标，搭建增长模型，找到和了解产品需要提升的业务目标；

第 3 章　利用数据分析工具找到洞察：介绍设计师要掌握的数据分析思维与能力，以及如何使用数据分析方法；

第 4 章　通过用户研究确认问题：介绍如何通过用户调研、用户体验地图、增长体验地图、服务蓝图找到和梳理用户痛点，聚焦设计机会点；

第 5 章　设计目标及衡量指标：介绍如何制定设计目标，以及如何为设计目标与数据指标建立关联，搭建衡量指标与指标体系，并且建立用户体验设计量化标准；

第 6 章　进行竞品分析、明确增长重点，得出设计策略：介绍如何分析竞品，参考最佳增长实践指导设计；

第 7 章　测试设计方案：介绍如何通过可用性测试、A/B 测试和眼动测试等在形成性研究中洞察体验设计的问题，找到优化点，在总结性研究中辨别设计方案的效果，评估用户体验质量和水平；

第 8 章 用数据驱动设计的实践：介绍通过广告投放物料（如图片、视频）的优化、落地页设计优化、产品转化流设计优化等案例详细介绍如何通过数据驱动设计，以达成设计目标。

附录 对设计师需要关注的指标做了说明，并提供了设计模板。

我希望本书里的方法论能够给各位读者带来一定的启发，也希望该方法论能够给各位读者在日常工作中提供一定的帮助。

本书的写作始于 2019 年 1 月，历经 4 年多，在写作过程中，我不断更新与迭代方法论和案例，限于篇幅和我的经验及水平，书中难免存在疏漏和错误之处，恳请广大读者指正。设计业本身也在发展，不断涌现出新的案例、改进的方法，我也期待本书的读者能跟我交流，一起在设计行业精进。联系方式：关注公众号"予芯设计咨询"。

万予芯

目　录

第 5 章

**设计目标及
衡量指标**

第 6 章

**进行竞品分析、
明确增长重点，
得出设计策略**

第 7 章

测试设计方案

第 8 章

**用数据驱动
设计的实践**

附录

后记

第 1 章　设计价值与价值设计

1.1　什么是设计价值

从宏观层面说，设计价值可以是设计公司或者设计师以设计创新为手段，促进产业结构的变革、实现产业化，从而创造经济效益和社会效益，对促进经济、社会发展，甚至对保障国家安全做出贡献。

比如小牛电动研发副总裁是设计师出身，他坚持自主设计研发，不断变革我国的电动车市场，使小牛电动车甚至在国际电动车市场都有着深远的影响。牛电科技一直秉承以产品为核心的理念，不断深挖终端用户的核心需求，完善产品体验，拓展海外市场，实现了从"中国制造"到"中国智造"，再到"中国创造"的完美转型，扭转了我国制造的电动车只能抢占低端海外市场的现状。

从商业层面说，设计价值可以是以设计手段促进商业利益最大化，为企业创造商业价值，但同时也要关注对社会创新、可持续发展与环境的保护，并逐步在推动创新与社会的连接、发展人类福祉的方向上发挥积极而重要的作用。

比如吉利汽车 GKUI（吉客智能生态系统）与领克智能网联系统的设计创新。GKUI 在商业领域取得了巨大的成功，用户量超 200 万人，销量领先，创造产值数千亿元。领克车机是全球荣获设计奖项最多的车机系统之一，在国内成功抢占主流合资品牌的市场份额，并畅销欧洲国家 / 地区，创造产值数百亿元。

正如清华大学美术学院蔡军等人所言："在转型经济时代，设计价值是以人为中心的商业价值、社会价值和生态价值的统一体现……一个非常重要的转变就是从对物质生产的关注和定义转向对人（广义用户）的关注和定义，其中最核心的就是对设计价值的重新思考"[一]。

　　㊀　蔡军，李洪海，饶永刚 . 蔡军：设计范式转变下的设计研究驱动价值创新 [J]. 装饰，2020(5).

党的十九大报告提出"我国经济已由高速增长阶段转向高质量发展阶段"，2021年召开的中国国际服务贸易交易会也以"数字开启未来，服务促进发展"为主题，党的二十大报告指出"着力推进高质量发展，推动构建新发展格局"。我国当前消费结构不断优化升级：恩格尔系数逐步下降，耐用消费品持续升级换代，信息、教育、医疗健康、文化等服务型消费支出占比逐步提高。高质量的"服务型社会"建设逐渐成为人民百姓的普遍诉求。

纵观三十多年来设计业的发展特点，从设计公司角度来说，许多原来的产品设计、工业设计、界面设计、用户研究和商业咨询公司等都在逐渐向服务咨询和服务设计公司转型，朝着整合的方向发展，以期通过设计手段创造更大的价值，设计业的发展也是朝着服务整合的模式不断更新。设计需处理服务提供者与接受者之间的关系，对于服务提供者来说，需要考虑有效性和效率问题，并且为服务者主体创造商业价值。对于服务接受者来说，要提高服务的有用性、可用性、想用性，提升服务接受者的满意度。所以对设计公司来说，服务设计是基础，用户体验和创造价值是目标。

从设计师角度来说，设计师的角色在大趋势下也不断发生着变化，从过去单纯的修饰者到专业岗位的细分，从做产品设计、体验设计，到现在做全链路设计、服务设计，甚至做产品的驱动者。如前言所述，全链路设计有两种定义，一种定义是做 T 字形人才，钻精于视觉或交互，并且从横向的跨度上理解商业；另一种定义是全链路把控体验推进的过程，在整个过程中，设计师是一个体验主导者的角色。为适应角色的变化，设计师不仅仅需要关注技法本身，更应该通过科学的论证方法和数据导向，挖掘出影响产品生命周期的核心指标，拓展设计的边界，驱动商业的发展和产品的提升。这是体验经济时代给设计师提出的一个比较高阶的要求，需要设计师掌握更多的核心专业能力来提升自己的核心竞争力，从而让自己、让设计实现更大的价值。

如今，在设计过程中，价值驱动越来越成为团队以及设计师自身提升的关注点。因为设计行为本质上也是商业行为，而商业行为是以效益为衡量标准的，**如何为商业行为的效益贡献设计师的力量，成为设计师蜕变的关键点。**

如何衡量设计价值，如何建立对设计和体验的评价标准，以及如何运用数据来优化设计力，赋能业务增长，为企业创造更大的商业价值，将是本书接下来重点介绍的主题。另外，本书还将介绍价值设计模型、价值设计的工作方法及流程，并带领读者剖析价值设计案例来加深对方法论的理解，厘清设计价值的方向。

1.2　价值设计模型

1.1 节介绍了设计价值的概念，下面我介绍一个与此相关但又不同的概念：价值设计。价值设计是一种基于量化指标的设计，是可衡量效果的设计行为。例如在商业价值、用户体验等方面衡量，设计师需要建立的是将设计成果量化的观念，在业务开始和结束后，有意识地进行对照实验，通过数据反映自己的工作价值。

如图 1-1 所示是价值设计模型，该模型是基于双钻模型的一种设计思维工作框架，它既是一套进行创新探索的方法论，包含了触发创新创意的方法，又是一种解决问题的路径，可以帮助设计师更规范、更系统地完成设计工作。

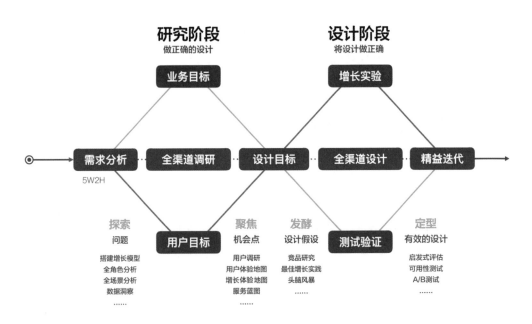

图 1-1　价值设计模型（Value Design Model）

该模型主张让数据贯穿设计的始终，用数据来优化设计力，通过数据找到并定义问题，发现设计机会点，用数据来衡量设计效果，最终实现让设计赋能商业增长的目的。该模型覆盖研究和设计两个阶段，下面分别介绍每个阶段的内容。

从一个需求开始，在研究阶段我们需要了解需求的目标和背景。对于自驱型的设计团队，我们先要深入到业务中去，要学会定义北极星指标，搭建增长模型，找到和了解产品需要提升的业务目标。然后，我们需要了解用户，进行全角色分析、全场景分析，通过用户调研以及用户旅程图、服务蓝图等工具，系统地挖掘和定义用户的行为和痛点，形成用户目标。最后，我们结合业务目标与用户目标推导出设计目标，并且将设计目标转化成可以衡量的指标，让设计师做正确的设计。

设计阶段的目标是将设计做正确，根据研究阶段得到的设计目标制定设计策略，通过竞品分析与研究最佳增长实践案例，或者做头脑风暴，提出多种设计假设，并形成设计方案再进行增长实验，通过用研的工具和方法（如可用性测试、A/B 测试、眼动测试等）来测试验证设计方案的有效性。如果测试效果不佳，则需要思考该功能点是否真正解决了用户痛点与问题，如果测试效果较好，达到了预设指标，我们就可以将设计方案形成规范等多方协作的资料归档。

通过这个价值设计模型，我们可以用有限的资源解决用户的问题，进而协助提升业务指标，最终持续提升设计团队的效率、能力，提升设计价值。

1.3　为什么要提升设计价值

1.3.1　用户体验行业现状及发展趋势

从腾讯 CDC（用户研究与体验设计中心）与 IXDC（国际体验设计委员会）共同出品的《2020 中国用户体验行业发展调研报告》中，我们也可以了解到用户体验行业设计师的发展现状、趋势、存在的问题以及从业者的核心竞争力发展态势。

从用户体验团队现状及趋势来看，用户体验团队的增长趋势有所放缓，一般在大中型企业内会有独立的用户体验部门，对于从业者的专业要求较高，而小型企业内则是更多设计身兼数职，需要更为综合的个人能力，为了保证核心竞争力，设计师需要具备的基本技能主要有沟通能力、用户体验、设计表达、逻辑分析能力、产品理解、需求理解等能力。与此同时，现阶段企业在产品决策上也更倾向于采用 KPI（关键绩效指标）。KPI 包括以下几方面：

1）产品行为数据：PV（页面浏览量）、UV（独立访客）、DAU（日活跃用户数，简称"日活"）、MAU（月活跃用户数，简称"月活"）、留存率、下载量、崩溃率（Crash 率）等；

2）用户态度数据：满意度、推荐度、品牌认知率、品牌印象等；

3）产品财务数据：收入、利润率等；

4）产品迭代数据：产品发布时间、发布频率等。

但大中小企业在指标上存在着一定的差异。2020 年用户态度数据 [满意度、NPS（净推荐值）] 高于产品行为数据成为最主要的 KPI 指标。这就要求设计师以用户为中心，并且以设计对象的商业价值为思考起点，通过设计手法和技巧为合作伙伴、团队、企业、用户创造额外的助力，辅助其 KPI 的达成。

从用户体验行业收入分析来看，近五年来，行业薪资处于持续增长中，但近两年的增长率相对于 2015 年和 2016 年来说显著放缓。与此同时，高薪高涨幅与低薪低涨幅也造成了收入差距的逐渐拉大，高薪高涨幅比例仍在增加。

从从业者满意度分析来看，继 2017 年下跌后近两年有所回升，行业信心仍然较低，薪资低是从业者不满意的最主要原因。在不满意因素分析中，我们可以看到，除了薪酬太低外，还有工作内容烦琐、不受重视等。

通过以上数据，可以看出很多公司让设计背上了业务指标，需要设计部门想办法辅助完成 KPI。

当不愿意改变的设计师还在唱反调觉得设计作为执行部门不该背业务指标的时候，那些愿意突破自我的设计师仿佛嗅到了发展趋势，他们更愿意迎接挑战，摒弃了传统守旧的职位束缚，不断修正自我，通过思维跨界、认知更新、能力进化，探索和提升设计师的价值，为商业赋能。

他们需要像产品经理一样具备同理心深挖用户痛点、结合业务进行思考；需要像运营人员一样，了解用户生命周期的各阶段，思考如何才能激活、留存新用户，进而刺激转化；需要像营销人员一样思考如何获客，提升传播效果等。在市场经济下，他们证明了自己的价值，同时也具备了其独特的竞争力，必然获得高薪高涨幅。

1.3.2 设计师的困扰

通过与设计师在线上（知识星球、知乎问答等）、线下（设计沙龙、行业论坛等）的交流，笔者梳理出如下这些具有代表性的设计师现状及困扰：

- 设计师没有话语权或话语权不大；
- 设计价值很难体现或不知道如何量化与评估；
- 不知如何提升设计价值？不知具备什么能力和什么思维方式才能成为有价值的人；
- 不知如何做设计决策，依据是什么？怎么判断这个决策的准确性？
- 设计师脱离数据，凭经验设计，设计方案说服力不足；
- 部分设计师具有数据思维，但不知如何提升数据分析能力，没有系统的知识体系、方法或方向；
- 不知如何通过分析数据得到体验设计的思路与策略；
- 不知如何区分改版数据提升是设计的作用还是运营策略调整的作用，不知从哪些方面做设计分享；
- 不知如何制定 UED（用户体验设计）的年度 KPI 比较合理；
- 大部分设计师只懂设计，跨岗位知识涉猎范围太窄。

……

对自身有追求的设计师都会思考上面这些问题，那么面对这些困局，有办法破局吗？我们应该做什么？怎么做？

1.4 设计师的破局之道：左手抓设计，右手抓数据

从近几年的视觉 /UI 设计师和交互设计师简历里，可以看出项目中如果有定性定量分析、设计方案有推导过程和上线数据验证的作品，会比较受面试官的青睐。在面试过程中，有产品思维、懂业务以及具有驱动各部门协同推进体验提升的设计经验会获得加分。大多数企业不仅需要会把 UI 界面画得很好看的匠人，更需要有思想会分析驱动能力强的设计师。

在字节跳动、阿里巴巴、京东等一些大公司以及知名的设计咨询公司如唐硕、EICO、ARK，将单纯的视觉设计师、交互设计师整合成体验设计师岗位，设计咨询公司还设有商业设计和服务设计师的岗位。他们期望将设计师的潜能开发出来，用迸发出来的新能量为企业增值。对自己有预期的设计师，他们的目标是希望用设计赋能商业，做出有情怀、有格调，还能驱动产品改变世界的设计。

设计赋能商业，不是用设计来改变商业策略，而是通过设计方法来优化、创新商业策略所映射出的产品和服务体系。让设计走进战略层，才应该是从业者的一种终极梦想，也是设计价值得到最大化的一种体现。例如，服务设计师运用服务设计的方法，在设计的过程中以人为中心，让人的需求价值通过服务平台来满足，让企业去触达和满足用户的需求，使品牌价值与用户价值匹配。比如用户获得满意的体验实现购买价值，企业通过设计获得更大的市场价值。只有把企业的资源数据化，建立体验指标体系进行长期监控，搭建服务价值，才能帮助企业提升竞争力。我们要通过医疗、金融、地产、政府、公共设施等头部公司的服务设计，带领大家实现让设计走进战略层。将成功的经验通过出版和教育扩散影响更多的人，让设计师出圈！

在近几年的阿里巴巴 UCAN 设计大会、IXDC 国际体验设计大会、UXPA 国际体验大会上，我们可以看见大量设计赋能商业的案例，"光华龙腾奖中国设计十大杰出青年"评选就特别重视设计师对行业的推动作用以及通过设计手段对企业商业价值、经济价值与社会价值的体现。

上面提到的都是目标和结果，回到源头，从价值设计模型可知，源头在需求分析。那我们要如何挖掘用户的痛点定位问题，找到设计机会点，以及如何判断体验好坏和设计的价值呢？

数据是其中最有力的一种，数据可以帮助设计师赋能商业。企业需要数据才能更好地服务用户，数据可以帮助设计师了解用户的痛点，定位问题以及设计是否满足了用户的需求。

在面对具体的设计需求时，为了达成产品的商业目标，首先要充分理解需求目标，然后将其转化为设计可以影响的局部数据指标，最后运用各种设计手段优化提升。在设计过程中，用户研究和设计师的积极配合不仅使设计更有依据，还能发现需求之外的优化空间，将设计的价值发挥到最大。

在 2020 年 IXDC 国际体验设计大会的峰会和工作坊，我听到大部分设计师都会问设计效果和价值如何衡量，以及如何测量数据、如何搭建数据指标等一些问题。在我之前参加的线下数据增长沙龙里，大家也非常关心应该看哪些指标，并且这些指标将如何测量出来，需要用到哪些工具，采用什么样的方式等问题。

虽然大多数公司对设计团队的理解是职能部门、执行部门，但实现商业价值、带来增长是多平台、跨行业、交叉的，所以设计的能力升级方向才更需要全链路、跨领域、多维交叉。这种相互影响与呼应，注定要让设计师在支持业务的过程中寻找品牌价值与用户价值的触点，并积极地通过对设计专业的不断挖掘，驱动产品优化，最终影响商业结果。

所以我们需要打破对职能岗位的旧有认知，运用数据思维结合设计方法指导设计决策，建立并固化一套数据驱动设计的流程。在不远的将来，我们会看见业界有越来越多的设计 VP（副总裁）和设计 CEO（首席执行官），设计师需要创造价值！未来，手握数据赋能商业价值增长的设计师也可以做 CEO！

1.5 数据可以衡量设计

1.5.1 设计和数据

对于设计师来说，数据是工具，也是用研的一部分，在定性与定量研究中都能获取数据。数据往往通过仪表盘的形式来展现，仪表盘可以长期监控产品的健康度、追踪趋势、进行特定的分析等。通过用户行为数据发现问题，根据精准的用户反馈洞察原因，报告及预警员工以促进优化和改善行动。

1. 数据是什么

简而言之，数据就是对用户的目标、行为、态度等情况的量化，我们的设计是服务于用户的，通过对这些数据进行分析我们才能更好地挖掘用户的需求，进而为用户提供更好的体验。因此，数据是了解用户的一种途径，只有了解用户才能更好地做设计。

我们把数据从广义上拆分为两大类：全量后台数据和抽样调研数据，数据应该从多方面汇入并进行交叉分析才能更好地发挥作用。其中，全量后台数据是指通过行为埋点或无埋点统计而得到的全量数据，这些数据可以帮我们了解大盘用户怎么使用产品，包括页面数据、销售数据、用户数据（包括画像和行为）等方面的数据，具体如下：

1）页面数据，以页面为单位反映页面整体情况的数据。比如，IXDC 和腾讯 CDC 联合发布的《2020 中国用户体验行业发展调研报告》中提到的产品行为数据，如页面 PV、页面 UV、转化率、跳失率、回访率、流量来源、流量去向等；

2）销售数据，从业务角度来看的数据，如在电商活动中，业务人员主要会关注的销售数据是 GMV（商品成交总额）、引入订单量、引入订单金额、客单价等，还有如收入、利润率等产品财务数据；

3）用户画像数据，从用户属性角度出发，体现现有用户人群特征的数据，如年龄、性别、新用户 / 老用户、用户等级、购买偏好等；

4）用户行为数据，从用户操作角度出发，体现访问人群行为特征的数据，如按钮的点击 PV、点击 UV、点击率、页面浏览深度、停留时长、分享率等。

不同的角色在不同场景下往往会关注不同角度的数据，比如，设计师的关注点是功能、界面设计，可能会更关注页面数据和用户行为数据，而运营、采购、销售人员更注重大盘的售卖情况，所以会更关注销售数据、用户画像数据。

除了上述全量后台数据以外，通过用户研究得到的抽样调研数据对设计工作也很有帮助。用户研究分为定性研究与定量研究，定性研究是探索性的研究，定性的研究方式有焦点小组、访谈、可用性测试、眼动测试等，这类研究主要用于发掘受访者的观点、想法和感受，了解潜在的原因、观点和动机，比如对品牌的认知率、品牌印象做研究，可以获得系统可用性水平数据、脑电图测试数据、眼动仪测试数据等。定量的研究方式主要用于测试和验证假设，定量的研究方式包括问卷调查、A/B 测试等，可以获得满意度、净推荐值（NPS）等数据及回访 / 复购意愿等数据。由此可知，用户研究工作的本质是对信息数据的收集、分析提炼与转化的过程，这些数据对场景、用户及态度的细节描述可以给设计师带来很多启发。根据用户研究的类型，抽样调研数据分为定性、定量两方面，定性数据包含称名[⊖]数据（类别数据）和定序数据（顺序数据），定量数据包含定距数据（等距数据）、定比数据（比率数据）。在"4.3.1 定性数据与定量数据"小节中将具体介绍。

2. 数据驱动的设计

"Facebook 对数据驱动（Data Driven）重视到了什么程度？一个由 VP 带领的 30 人团队做了一年的主页改版，在三个月内灰度上线过程中因数据表现不佳，直接回滚。Facebook 高速、稳定的增长背后，数据驱动功不可没。"

正如管理学大师彼得·德鲁克（Peter Drucker）所言："If you can't measure it, you can't improve it（如果你无法衡量，你就无法改进）。"

数据驱动的设计意味着要根据收集到的关于用户如何与产品交互的数据来做设计决策。通过以符合用户目标、偏好和行为的方式设计产品，能使产品更具吸引力，并更容易获得成功。

关键是你如何定义这些数据，以及如何获得和使用这些数据。设计师常常直接从产品或运营人员那里拿到 PV、UV、UV 转化率等数据，但拿到这些数据后自己又无从下手。举个例子，刚进公司之初我们仅有结果性数据，导致在产品设计时由于没有用户行为等过程性数据，让体验设计优化工作遇到困难，后来我通过跟公司领导和同事们分享友商的数据驱动商业增长的案例，我们的 BI（数据分析）部门才开始帮忙采集过程性数据，同时也采购了一套低门槛的数据分析工具。

数据是一种思维方式，可以帮助大家思考和决策，适用于 UED、产品、运营等各个角色。

1.5.2　设计师为什么需要数据

在大部分人眼里设计师是感性的，不了解他们行动的原因，也预测不了结果，无法完全信任。设计师需要通过理性化的设计过程才能提升"做得正确"的概率，让别

⊖　类别数据的别名。

人对你建立信任！那么如何让我们的设计更有说服力，从而赢得信任呢？通过定性研究（如访谈、测试、问卷、竞品分析等），以及通过定量研究（如用户的身份、行为、态度等）获取的数据，是设计过程中最典型、最有效的理性化工具！

数据对设计有哪些作用？

如果缺乏理性的分析，在设计过程中会面临诸多问题无法解决，比如，多个设计方案如何权衡利弊？如何充分了解用户诉求？设计方案有没有达成设计目标？在这个过程中数据能做什么？

在价值设计模型的研究阶段可通过数据探索和发现问题，在方案设计阶段可通过数据论证思路，在设计测试上线阶段可通过数据验证设计方案是否达成目标。可见，**数据可以验证设计**。具体作用如下：

- 在设计前的探索阶段发现问题：通过全面分析，了解用户特征、分析产品存在的短板，为设计优化和设计目标的确定提供借鉴。
- 在方案设计中论证思路：通过数据分析，解决存在的疑问，为设计决策提供依据。
- 在设计上线后验证设计：通过产品上线运营数据，分析产品达到设计目标的程度，为改版迭代提供依据。

因此，我们要将数据变成设计过程中必不可少的一个环节。

在更远的未来，海量的数据将会是每个企业必不可少的基础支撑，对设计师而言，数据也是发挥更大价值的强大帮手，不管是在设计前、设计中，还是在设计后，尽量将数据变成设计过程中的常规环节。将数据思维变成一种习惯。**早期的设计主要靠感觉和审美。渐渐地，设计越来越讲究方法论和心理学，以后还可以再加一种，那就是依靠数据，它将让每个人都能获益。我们可以通过数据来衡量设计价值，并通过设计提升用户体验，从而驱动业务增长。**

1.6　以增长理论做设计

1.6.1　增长与增长黑客

受互联网人口红利逐渐消失等因素影响，增长成为近五年很火的话题。在硅谷，增长设计师层出不穷，他们分享着自己站在设计角度如何通过数据驱动增长，我们可以看到，谷歌、爱必迎、Dropbox、微软中国的设计师都在分享对增长的见解和案例。在"人人都是产品经理"上发表的文章，关于增长话题的有近 3000 篇；在近两年的产品经理大会、运营大会上，一半的演讲主题都和增长相关；而在拉勾网和 BOSS 直聘上，涌现出许多与增长相关的职位，如增长黑客、用户增长、用户增长经理、增长产品经理和增长方向的运营和工程师；脉脉上也出现了用户增长设计师和设计负责人，可见增长在互联网行业已经是大势所趋。

增长是什么？有人说它是一系列连续发生的动作产生的结果。对公司来说，它是指公司所提供的产品和服务能否满足更多顾客的需求；对业务来说，它是指产品和服务能否带来业务指标的增长。而增长黑客里面的增长，是指以数据驱动营销、以市场指导产品、以技术实现目标的过程[⊖]，它是在数据分析的基础上，利用产品或技术手段来获取自发增长的运营手段。

其实，互联网并没有改变商业的本质，投入产出比一直是企业关注的焦点，追求用户的增长，最终目的也是为了实现商业的增长，为企业带来更多的盈利。只是因为市场的变化，由原来的以产品为中心、流量为王、渠道单一、拉新获客为主的卖方市场变为以用户体验为中心、体验为王、需求多变、需要提升用户忠诚度的买方市场，所以我们需要更加关注服务与体验。

而产品增长的策略，应该是围绕产品的整个生命周期。它包括流量的增长，将流量沉淀为用户；新目标用户的增长；通过体验产品的核心价值，带来留存的增长；通过用户购买、转化、多次购买，实现公司商业价值的增长；通过唤醒沉睡用户，延长用户生命周期，以减少用户流失。

⊖　埃利斯，布朗．增长黑客：如何低成本实现爆发式成长 [M]．张溪梦，译．北京：中信出版集团，2018.

本节所说的"增长"和"增长黑客"是两个完全不同的概念。增长黑客偏向于用营销驱动用户量和营收的增长，只是增长的一种手段。而增长，不只包括用户量的增长，还包含用户整个生命周期[○]的各个阶段指标的增长，最大限度地发挥现有用户的价值。增长的含义是非常广泛的，所有跟价值有关的事情其实都属于增长研究的范围。

关于增长和增长黑客的介绍可以参阅《增长黑客：如何低成本实现爆发式成长》[○]《首席增长官：如何用数据驱动增长》[○]《硅谷增长黑客实战笔记》[○]等书籍，这里不展开介绍。

1.6.2　用增长思维做设计

设计师在做产品设计时需要关注用户目标和商业目标，但是大多数设计师主要关注用户层面的需求，考虑的是设计得好不好看、好不好用、过不过时等，却很少有人能够关注如何通过设计赋能商业增长。

一个增长团队由多个角色构成，设计师的作用是非常重要的。因为在增长思维下，无论产品、运营还是技术手段，最终都要通过设计传达给用户。设计的内容组织、引导方式、视觉表现，直接决定用户对产品的认知、使用、感知，其重要性不言而喻。

增长是一种思维方式，设计师应该用增长思维做设计。设计的价值除了有解决问题外，还应该有配合团队清晰定位增长目标，思考增长点，通过不断地进行增长实验测试，找到正确的增长点。设计师擅长从用户角度系统地思考问题、提出观点，帮助团队紧密围绕用户，实现用户价值。

比如我所在的公司，设计师也是要背部分业务指标的，所以设计师也在很努力地思考和验证怎么通过数据挖掘驱动商业增长，同时提升设计的价值和影响力。近二年内我们自发提出设计优化解决方案 180 余个，占全年项目完成总数的 75%，设计师发

○ 关于用户的生命周期，简单说，就是用户从第一次使用产品，到最后一次使用产品的时间。

○ 埃利斯，布朗.增长黑客：如何低成本实现爆发式成长 [M].张溪梦，译.北京：中信出版集团，2018.

○ 张溪梦，等.首席增长官：如何用数据驱动增长 [M].北京：机械工业出版社，2017.

○ 曲卉.硅谷增长黑客实战笔记 [M].北京：机械工业出版社，2018.

挥了极大的主观能动性。通过数据挖掘和分析，设计师找到页面和流程中的问题，发现设计的机会点，利用数据衡量设计价值，解决了用户旅程中的服务痛点与体验问题，提升了用户满意度，最终帮助产品转化率提升了至少80%，运营活动转化率提升至少130%，落地页（Landing Page）[⊖]转化率提升至少72%，并且每周提出一个体验优化需求，极大地推动了商业增长。

设计师培养增长思维的第一步是了解和掌握增长相关的知识，增长模型就是其中一个必须了解的基础知识。

1.6.3 增长模型

增长模型分为两种——AARRR模型（海盗模型）、RARRA模型。该模型具体包含获客（Acquisition）、激活（Activation）、留存（Retention）、商业变现（Revenue）、用户推荐/自传播（Referral）5个环节，广泛适用于互联网的各个领域。根据市场周期、产品阶段、产品品类的不同，增长的侧重点也不同。

1. AARRR 模型

AARRR模型给我们提供了一条很好的精细化数据运营的思路，通过各个阶段的指标分析，产品经理和设计师可以清楚地了解到：

- 用户是从哪些渠道引入的；
- 哪些渠道引入的用户是比较活跃的；
- 哪些渠道引入的用户的付费转化率比较高；
- 哪些渠道的用户留存表现好，产品的哪些功能是比较受用户欢迎的；
- 用户对哪些引导方式接受度比较高；
- 哪些方式可以有效地提醒用户回访，提升用户的留存率；
- 引入的用户最终可以给我们贡献多少价值，什么样的用户喜欢传播我们的产品。

AARRR模型不仅是数据分析框架，更是分析思路。在面对产品问题时，这个框架告诉我们如何开展数据分析。我们日常开展数据分析工作的时候，往往会陷入一个

⊖ 关于落地页优化的介绍请参考本书 8.4 节。

误区，即喜欢展现比较大而全的指标，没有针对我们的需要去深入地分析问题。数据分析框架可以帮助我们把抽象的问题具体化，基于业务特征和数据指标来构建相关的分析体系，保证结果的准确性、可靠性和针对性。

所以在数据分析前要把整个运营数据打通，搭建数据分析指标体系，而不是把精力仅仅放在下载量、激活量这样的数量指标上，还把它当成成功的标志。

AARRR 是基于用户转化的漏斗模型，国外对于增长思维和对用户转化漏斗模型的理解早已成熟，他们提出了基于企业产品的转型发展战略，实现用户增长、活跃度增加、收益增加等商业目的，在实践基础上，降低成本，让风险可控。他们主张以低成本甚至零成本使产品有效增长，也就是用四两拨千斤。6.3 节将具体介绍通过 AARRR 模型做的最佳增长实践案例。

传统意义上的用户转化漏斗模型，其单向运转、流失严重，职能与目标分离，后来演变出增长闭环，这一闭环是从价值接受者到价值创造者再到价值传播者，通过递进式的引导，实现持续增长。例如，用户在社交媒体上看到某个抖音短视频，促使这个（新）用户注册抖音 APP 或回到抖音 APP，用户登录抖音 APP 以浏览和创建短视频，再将短视频分享到微信或者微博等外部渠道，又拉来一批（新）用户，这就形成了增长闭环。但事实上 AARRR 模型并非一个按照先后顺序关系形成的闭环，因为各环节有可能同时发生，如用户推荐、分享可以贯穿获客、激活、留存、变现环节。

如今，互联网人口红利逐渐消失，市场竞争激烈，用户获客成本已经不低，如果在留存率低迷的情况下仍然花钱拉新用户，那么其实就是在租用流量，根本算不上真正的获客。所以如何做好流量的承接和转化，把流量变存量，非常重要。这就衍生出 RARRA 模型。

2. RARRA 模型

RARRA 模型是对 AARRR 模型的优化。对于新上线的产品，增长的推荐顺序也应该是 RARRA，因为资源和精力有限，应该先打磨产品达到 PMF（Product Market Fit，产品市场契合），再有策略地推进增长。具体如下：

第一步： 提高留存（Retention），在初级阶段需要不断验证产品是否达到 PMF，以确保使用产品的用户不会大量流失。如果产品不符合用户预期，产品为用户提供不了价值，用户用了一次就再也不用了。

怎么判断产品是否达到 PMF 呢？简单来说就是用户使用你的产品，并且长时间内重复使用它。通过两种方式判断：一是产品有自然增长，用户传播快，核心功能留存率和使用率较高。例如，美图秀秀刚上市几个月，就有 30 万下载量，每天有 50% 的用户登录，留存率较高，而且每人平均发送 20 张照片，参与度也很高；二是通过用户调研和留存曲线看留存率来判断产品是否已经达到 PMF。比如在 PMF 之前，我们的产品还属于探索或者转型期，我们需要通过用户访谈了解产品是否、如何为用户提供价值。通过调研得到用户反馈和数据，再不断优化产品从而实现 MVP$^{\ominus}$，快速验证团队的目标，快速试错。在产品达到 PMF 后，开始考虑如何拓展用户量使业务扩张，通过优化产品使其快速增长。

第二步：提升激活率（Activation），流量吸引来了之后，对于如何让流量转化为存量，我们要把握住关键节点，挖掘机会让用户留下来继续使用产品，这个阶段反映了产品的用户体验核心。

第三步：自传播（Referral），将产品传播机制打造好，在合适的触点增加分享按钮和分享流程，方便用户传播。用户自传播可以为企业推广节省成本。

第四步：获取收入（Revenue），这一步需要验证变现模式，用户为产品给用户提供的价值和服务买单，才能支持企业的长期增长。

第五步：获取用户（Acquisition），当整个产品变现模式运行通后，就可以开始大规模地获客增长。

RARRA 模型突出了用户留存的重要性。所以你需要关注用户留存，优化用户体验（如初始设计中最受欢迎的功能），并添加更有利于用户下单付费转化的元素。

设计师可以基于这些模型，探索在增长各个阶段设计的作用。所以，在竞争越来

○ MVP（最小化可行产品）是埃里克·莱斯（Eric Ries）在《精益创业：新创企业的成长思维》里提出的概念。简单地说，就是指开发团队通过提供最小化可行产品获取用户反馈，并对其持续快速迭代，直到产品到达一个相对稳定的阶段。

越激烈的今天，选择科学的增长模型，以更低的成本、更高质的用户体验来驱动业务的增长将是最明智的选择！

　　本章主要介绍了设计价值与价值设计模型，用户体验行业的现状与趋势，设计与数据的关系，以及设计师要具备的数据思维和增长思维。在接下来的章节，我将介绍价值设计模型中的设计过程、方法和案例，以及如何把数据思维、增长思维落实到设计过程中。

第 **2** 章　从需求出发理解业务目标

2.1　如何建立需求分析思维

大部分设计师在日常工作中往往会接触到两种类型的需求，一类是各需求方提出的新增功能等日常类的需求，例如，运营人员会从客户反馈系统里看到用户在哪个环节遇到了问题；公司领导在使用产品时指出一些体验问题；通过竞品对标发现产品哪块有问题；设计师不定期地走查发现问题……通过以上描述可以看出大多数公司还是问题驱动的。

常见的业务需求如下：把购买流程优化一下，给活动页面加一个分享功能，在消息中心提供清空操作等。其实这些需求里面包括了解决问题的手段，也就是解决方案。在消息中心提供清空操作就是解决方案，很多执行层面的设计师看到需求就直接做了，像一般的交互设计师会直接开始画线框图。在处理这类需求前我们如何在项目中体现设计的价值呢？我们需要发挥主观能动性去思考，例如，购买流程优化，我们要先了解现在的购买流程有哪些问题；在活动页面加一个分享按钮，用户会分享什么样的内容到微信里面？做了这些事情，期望得到的结果是什么？我们要如何衡量这个设计方案是好还是不好，有没有达到业务目标呢？

另一类是设计自驱，自驱的目的是什么？是希望通过提升体验带来商业增长，将问题驱动转变为价值驱动。无论哪类目的，在接到需求阶段，我们都要对需求进行分析，要用结构性的思维，如 5W2H 分析法来思考关于需求的几个问题：

- Why：为什么要做这个功能？该项目能为公司和用户解决什么问题？
- What：这个功能内容是什么？含义是什么？包含哪些功能点？
- When：在什么场景下使用？什么时候要交付？
- Where：这个功能点入口应该在哪些位置？影响哪些界面及流程？
- Who：使用功能的目标用户是谁？利益相关者有哪些？用户和公司的利益是

共赢还是冲突？有多少用户需要解决？是关键用户吗（活跃用户 /VIP/ 目标人群）？

- How to do：设计方案要如何实施？技术能否实现？
- How much：需要用多少开发资源？工时成本是多少？

如果设计师前期不做需求分析，没有严谨的分析过程，不了解业务目标、用户目标，缺乏设计目标指导方案，直接进行原型设计及视觉设计，设计方案很容易缺乏说服力，方案效果也没法评估，设计价值也无法体现。就算视觉稿做得再好看，如果没有满足用户的需求，用户也不会买单的，业务价值也没法实现。

需求分析从以下几个方面进行：业务需求及业务目标、用户需求及用户目标、分析关键因素（如用户动机、阻碍、担忧），构思对应的策略，提炼设计目标，制定设计策略，进行方案设计并验证设计方案的效果。

2.2　如何分析业务目标

业务需求 = 业务目的 + 业务目标。我们接到的业务需求，往往是一个任务。首先我们要了解业务需求的业务目的和目标是什么。业务目的是指为什么要做这块业务，中间存在哪些问题。业务目标是指做了这块业务以后，期望得到怎样的效果。比如，提升市场占有率、提升销售额、提升留存率、提升 DAU、提升 APP 下载率、增加会员等。

2.2.1　驱动型设计团队如何设立业务目标

本小节要讲的是设计作为驱动方，制定业务目标的方法，也就是一个驱动型设计团队如何设立业务目标。

在 AARRR 的每个阶段都有其核心目标，我们要将目标转化成为可衡量的数据指标，也就是北极星指标（One Metric That Matters，OMTM）。在分析过程中，要将核心数据指标根据其影响因素拆解成细分指标。

我们作为设计师，主要利用设计手段去辅助业务提升，所以我们分析时，就需要明确可以衡量设计效果的量化指标。然后去获取现有的数据，一方面可以通过数据挖掘来发现问题、提出假设，另一方面也便于优化方案上线前后的效果对比和持续分析。所以在做数据分析之前，我们要了解现阶段的北极星指标是什么，我们做一个设计方案的目标和解决的问题是什么，是预订流程的转化率降低了？还是用户对于某个功能的满意度较低？或是广告投放的效果变差了？只有明确了分析目的，才能对症下药。

2.2.2 建立北极星指标并根据影响因素将其拆分为细分指标

1. 制定北极星指标

北极星指标又称唯一关键指标，是产品现阶段最关键的指标[⊖]。其实简单说来就是公司制定的发展目标，不同阶段会有不同的目标，北极星指标有正向指标也有反向指标。

制定北极星指标的目标是为公司指引方向，如果设计师对北极星指标有深入的理解，对设计决策会有很好的作用，会让人觉得有大局观。所以它并不仅仅是 CEO 或增长负责人的事，它能指导大家的日常工作，对产品、运营、设计有指导性的意义。

不同市场阶段的增长重点不同，北极星指标也不一样。增量市场的 AARRR 的重点是获客，主要通过营销和销售来达到获取客户的目标，关注的是产品的功能、推销能力，能够快速抢占流量红利，以获客数量为指标。存量市场的 AARRR 的重点是留存和变现，流量增长已经饱和，公司需要重视服务与用户体验，他们会逐渐关注 NPS 或满意度等的用户主观态度数据指标，建立主、客观双指标体系驱动体验提升及业务增长。他们主要围绕现有的用户开展维系工作，通过精细化运营，优化产品服务与体验，提升用户留存和复购，提升用户满意度，挖掘用户长期价值。通过添加增值服务，提升客单价，增加新的使用和付费场景，提升销售额。在存量市场的阶段我们要思考，产品优势是什么、核心能力是什么，如何在存量博弈中活下去，构建产品的护城河。

以某机票预订平台为例，它在前些年以低价打开了航空出行市场，获得了一定的

市场占有率，也获得了相当多第一次乘机的新用户，但用户乘完机后的复购率和留存率很低，80% 的用户在该平台的出行频次为 1 ~ 2 次，用户流失较严重，可见该平台刚开始的 AARRR 重点是获客。当市场逐渐成熟并且其他机票预订平台开始推出同类型的产品后，其 AARRR 重点发生了转移，市场竞争环境的变化以及运营的现状使它不得不在获客的同时还注重留存，提升复购。于是它开始重视沉淀用户，期望挖掘更多的用户价值，需要思考如何让用户下次乘机还选择该平台，如何让老用户推荐新用户，注重口碑传播，关注净推荐值等。于是该平台采取了很多策略，通过调研，发现用户流失的原因跟服务及渠道政策相关，定义了问题之后，开始重视服务的优化和提升、会员体系的搭建、会员权益的升级、收集会员数据、建立用户标签体系，开始精细化运营。所以北极星指标会根据公司不同发展阶段的目标转移，而每个部门的北极星指标也会根据职能的不同而不同。

假如当前该平台总的北极星指标是提升总销售额（GMV），那么要通过提升自营渠道销量及新增会员数量来体现这个部门的业务价值。需要提升多少，如何敲定下个年度的指标，以及每个月的指标情况，BI（商业智能）部门会根据市场月度波动趋势、客座率结合利用率以及运力增长等一些因素进行预测，来划定指标的具体数值。

2. 将北极星指标拆解成细分指标构建增长模型

在确定好北极星指标以后需要将北极星指标拆解为细分指标，继续拆分所有影响细分指标的因素，组装成增长模型，寻找机会。增长模型可以从业务视角来搭建指标体系，也可以从体验视角来搭建指标体系。

要建立北极星指标，首先我们要根据北极星指标绘制用户的核心转化路径，也就是记录一个用户从开始接触产品到体验到产品核心价值要经历的步骤，然后给用户核心转化路径的每一步都找到一个对应的细分指标并且找到数值，根据增长模型框架，把各个细分指标放进去，并填入具体的数值。

以某机票预订平台的自营渠道为例：

第一步，机票预订平台的自营渠道产品的价值主要是用户在线上购买机票 / 增值服务及旅游产品和进行行程管理等。前面我们定义了其自营渠道的北极星指标是总销售额，其负向指标是退票率；

第二步，全链路梳理用户转化漏斗 AARRR（包含获客、激活、留存、商业变现、用户推荐 / 自传播），结合用户购买决策模型 AISAS（Attention 注意、Interest 兴趣、Search 搜索、Action 行动、Share 分享）拆分路径。这分为五个阶段，即"获客"对应"引起注意"，"激活"对应"产生兴趣"，"留存"对应"反复搜索"、"商业变现"对应"行动"、"用户推荐 / 自传播"对应"分享"，这五个阶段的用户行为路径是：

1）通过投放广告引起注意（梳理全渠道、全触点），用户看到广告，点击或扫码；

2）用户进入落地页了解详情，产生兴趣（根据不同目标引导不同的行为）；

3）用户产生兴趣后，下载应用，使用应用搜索和查看活动优惠、搜索航线；

4）用户找到心仪航线，产生购买意愿，注册账号；填写订单信息，支付，产生购买行动，进行商业变现；

5）用户分享传播，推荐给亲朋好友，持续购买，带来新的用户。

第三步，把北极星指标分解成细分指标，根据以上用户行为路径的梳理，每个步骤都有可以衡量的数据指标，涵盖转化漏斗的基本步骤。该机票预订平台的增长模型如果用因子分解方式可表示为：

自营渠道机票销售额 = 新增活跃用户销售额 + 已有活跃用户销售额

= （自营渠道访问量 × 用户注册率 × 首次购买率 × 平均订单额）+（已有用户数 × 老用户重复购买比例 × 平均订单额）

如果用全链路漏斗方式可表示为（见图 2-1）：

自营渠道机票销售额 = 渠道流量 × 转化率 × 平均客单价

= （投放渠道访问量 + 直接访问量）×（注册转化率 × 订单转化率 × 支付成功率）× 平均客单价

得到以上数学公式以后，我们可以根据现有的具体指标，把数字填上去，再计算想要达到的目标所需要的增量，来调整每个指标的具体数字。我们还可以更进一步计算出细分指标对北极星指标的影响权重，来测算每个因子的改变对北极星指标的影响。

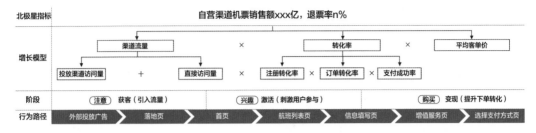

图 2-1　自营渠道机票销售额增长模型

注：由于机票预订平台的业务特点，其"阶段"是先变现再留存，与传统 AARRR 模型略有不同，其他章节图中与此情况相同，不再赘述。

搭建好增长模型后，用户转化漏斗中各环节指标将会成为相关的营销、运营、产品、设计工作的北极星指标。明确了指标后，我们还可以从不同维度来下钻分析，比如不同渠道、不同城市等，根据公司大小，建立不同用户分群对应的增长模型，找到机会点。还可以将每个因子参考行业平均水准，找到可发力点。针对每一个细分指标找到增长思路，例如，针对产品页面流量提升，我们可以进行该产品的关键词搜索优化、增加产品的推荐算法、千人千面精准推荐产品提升转化等。拆分细分指标要遵循 MECE（相互独立、完全穷尽）原则，它是一种结构化的思维方式，其中相互独立意味着将能够影响问题的原因拆分成为明确区分、互不重叠的各个因素；完全穷尽意味着全面周密，毫无遗漏。

3. 案例：提升电商 APP 逛逛频道的 DAU

例如，某电商 APP 的逛逛频道老总跑来问你，为啥我们的 DAU 这么低或者降低了。这个时候，碰到这样的问题，我们在脑海中应形成这样的一连串思路：

1）问题背景：逛逛频道 DAU 低，老板可能想知道低的原因是什么，当然也想提高该频道的 DAU；

2）问题有关的人和因素：可能与技术有关，比如打开频道的过程中产生了 bug（缺陷）；也可能与运营有关，他们投放的渠道吸引过来的用户质量是不是太差了；也可能是内容没有吸引力；也可能和产品设计本身有关，比如浏览体验差等；

3）产生问题的原因：具体判断是什么原因还得一个个去排除，比如自己去试试是不是浏览过程中有什么功能性的问题；然后去问问运营人员最近是否投放了新的渠道、内容质量如何；如果问题出在产品设计，那么则需要监测浏览过程中的点击率及转化率。

这个时候，我们除了要分析原因外，还要根据 DAU 的影响因素建立一个指标体系来搭建增长模型，对 DAU 的提升提出自己的假设，不断进行增长实验。用数据去验证假设是否成立，如果不行就继续观察和做实验；

假如逛逛频道的北极星指标是提升 DAU 至 1 300 万，DAU ＝ 留存率 × 转化后的 UV。那么周留存率的目标要达到 70%，转化后的 UV 目标要达到约 2 000 万。周留存率的影响因素有频道的内容和与用户的互动。转化后的 UV 要看引流方式 / 渠道的转化效果。

对于频道的内容，评价标准有内容品质度、内容精准度、内容更新度、内容覆盖情况。衡量指标有频道首页跳出率、频道首页人均浏览帖子的数量、第一次点击频道首页帖子的序号占比分布、平均停留时间和人均点击帖子数量。还可以继续细分如下：

- 内容品质度可以由跳出率、平均停留时间衡量。
- 内容精准度可以由精准比率、精准密度、精准分布几个维度来衡量，其中，精准比率 ＝ 被点击曝光帖子数 / 总曝光帖子数，精准密度 ＝ 被点击帖子的个数 / 点击的 UV，精准分布 ＝ 第一次点击首页帖子的序号占比分布。
- 内容更新度可以由内容更新曝光比率、更新话题互动比率、曝光重复率几个维度来衡量，其中，内容更新曝光比率 ＝ 一周内加精帖子被曝光的比率，更新话题互动比率 ＝ 7 日内发布的新话题 UV 参与比率（有点击行为 / 进入话题页面的 UV），曝光重复率 ＝ 一周内帖子被多次曝光给同一用户的比率。
- 衡量内容覆盖情况，可以统计精选帖子数占比前十的类目分布，这个数据可以给运营同事提供参考和比较。

对于频道与用户的互动，要看用户在内容上的互动、用户与品牌互动、用户与平台互动。衡量指标有参与互动的人数占比、人均互动次数、频道内日均发帖量。

转化后的 UV，需要盘点主要的引流方式 / 渠道，衡量指标有活动流量（逛逛频道内投放）× 转化系数 a、APP 常态入口流量 × 转化系数 b、推送消息的流量 × 转化系数 c、其他布点流量 × 转化系数 d。

针对以上每个影响因素，我们都可以找到设计的机会点。例如提高内容品质，我们分析点赞排名前 100 的帖子的影响因素，在用户发帖时进行设计引导其添加发帖必须具备的内容，提供更多优质帖子和图片美化滤镜作为参考等。

2.3　从数据中发现和定位问题

2.3.1　从指标出发，基于增长模型中的弱势环节，定位问题

根据上述方法搭建增长模型，设计师可以找产品、运营或数据部门要这些数据，针对业务指标进行数据走查，分析薄弱环节定位问题，从设计角度找到在各环节中通过体验设计提升的机会点。对于比较薄弱的环节，对预期影响较大、实现程度较易、成功概率较高的点，我们考虑可以先去完善。例如，想办法优化新用户看到广告后下载 APP 的体验，缩短从用户看到广告到下载 APP 的流程，减少新用户的流失等。

以某机票预订平台为例，自营渠道需要实现的价值是销售机票，如何提升自营渠道占比是其首要目标，然而在座位数有限的情况下，如果自营渠道销售在所有渠道中销售占比目标为 50%，自营渠道机票销售数为 1 700 万张，退票率在 8% 以内，假如平均机票价格为 500 元，转化率为 10%，那么渠道在一定时期内需要的有效流量为 3 400 万。如果一年的销售数为 1 700 万张，那么平均每天需要卖掉 4 万张机票，渠道流量每天需要 9.3 万。在这里我们需要根据用户行为路径画出增长分析地图，通过地图找到影响指标的关键变量，梳理增长模型。

结合 AARRR 与用户购买决策模型，某机票预订平台的模型分为：获取注意→引发兴趣→产生欲望→采取行动，用户的行为路径是：通过外部投放的广告进入落地页→引导下载 APP →打开首页或者直接链接到 APP 上的活动页→搜索航班→从航班列表页选择航班→注册账户→填写乘机人信息→选择增值服务产品→选择支付方式。在上述各个环节可将北极星指标分解。我们可以考虑的方向是：①增加各渠道新增用户数；②提高搜索转化率；③提高注册转化率；④提高订单转化率；⑤提高支付成功率等。如图 2-2 所示。

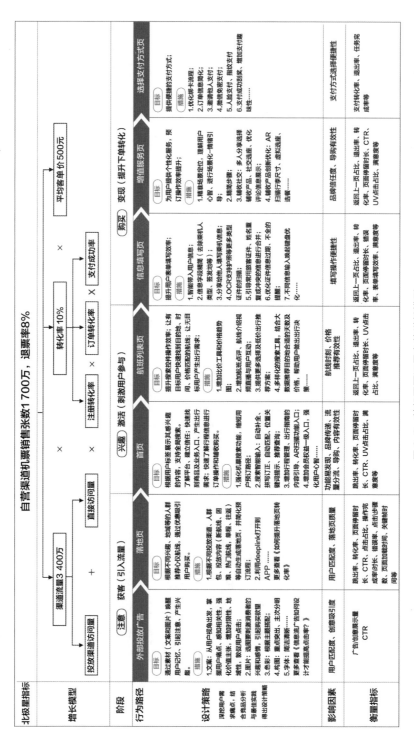

图 2-2　某机票预订平台的增长模型

在对应的用户路径中的每个步骤，我们可以分别对 Banner（横幅广告）、营销落地页、注册流程、首页、搜索、购买流程进行优化。

根据自营渠道运营现状，我们发现流量离目标还远远不够，外部投放广告和落地页属于 AARRR 模型中的获客阶段，重要程度较高，优化成本较低。而搜索转化属于 AARRR 模型中的激活阶段，通过优化首页、搜索结果页引导用户找到想要的合适的航线，产生购买意愿，直接影响北极星指标。我们可以优化单个 APP 页面，成本适中。购买流程转化率是 AARRR 模型中的转化阶段，用户已经有购买意愿，需要提升信息填写效率，购买流程是最终转化的根本，涉及数个 APP 页面，成本较高。通过以上分析，我们对优化的排序为：优化外部投放广告和落地页 > 优化首页、搜索页 > 优化购买流程。如果设计师人力充足，可以分几个小组，同时优化。

确定了先优化哪个环节以后，我们需要继续通过数据挖掘，定位问题点。以优化购买流程为例，我们需要通过漏斗分析步骤中流失较多的环节，将其列为重点中的重点。我们通过可用性测试、专家评估、用户反馈等方式找到问题后结合竞品分析得到解决方法。我们遇到可优化的点太多，所以要建立需求池，基于 ICE 模型⊖ 打分对 ROI（投资回报率）高的优化点先测试。

通过增长模型，我们可以决定先做什么，后做什么，聚焦自己擅长的增长领域。找到性价比最高的点，使增长效果最大化。

2.3.2　从痛点出发，基于用户反馈与投诉定位问题

大多数公司设有客服中心，负责受理客户来电、现场服务请求和投诉，建立客户服务、投诉档案，落实客户服务请求和投诉，并及时将落实情况传达给客户。客户服务分为售前服务、售中服务和售后服务，是一个完整的销售服务流程。

客服部门负责制定服务流程与规范，建立服务管理数据模型与指标，搭建客户体验管理平台，监控指标变化情况和客户负面评论与情绪，收集各触点的客户咨询反馈

⊖ ICE 模型，I 代表 impact（影响范围）——这个需求对多少用户产生影响；C 代表 confidence（自信程度）——这个需求对用户达成的效果预测；E 代表 Ease（实现难易）——这个需求的实现难度。在 "7.1.2　优先级排序：用 ICE 模型给想法打分" 小节中将详细介绍。

与投诉数据，以提高客户服务质量、员工效率和提升客户满意度为目标。有些公司将用户体验部门设置在客服中心组织架构里，比如某些银行了解业务场景和需求点，收集内部反馈、定期调查并及时发现问题，形成需求池，提出优化建议，推动服务流程优化，驱动产品及解决方案的优化深化，对客户体验负责。

图 2-3 展示了某机票预订平台的客户体验管理系统。

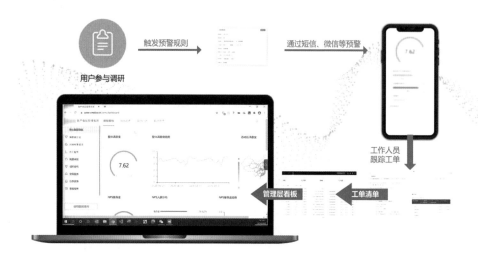

图 2-3　客户体验管理系统

以某机票预订平台为例，通过主动和被动两种方式收集客户的问题，一种是客户打客服电话或者截屏主动反馈的问题，另一种是监控体系中通过在关键触点设置调研问卷和电话满意度调研等方式进行的客户回访（差评回访、NPS 回访）收集的问题，以及舆情监控平台反馈的问题等，如果企业没有完善的体验管理系统，那么需要用传统的方法将各触点的问题收集到一起，进行分析。

比如收集客服中心的问题，客服部门会有存档的习惯，公司客户管理系统里面也记录了客户意见反馈等。我们可以取近 3 个月 1000 多个咨询反馈的问题来进行分析，先将问题进行分类，可以按业务模块分类，也可以按客户旅程阶段来分类。

例如，旅客航空出行的全流程分为预订—出发前—行程变化—行程结束四个阶段，从用户的问题反馈中发现以下问题：预订环节的问题占 34%，出发前的问题占16%，行程变化的问题占 46%，行程结束的问题占 4%，如图 2-4 所示。

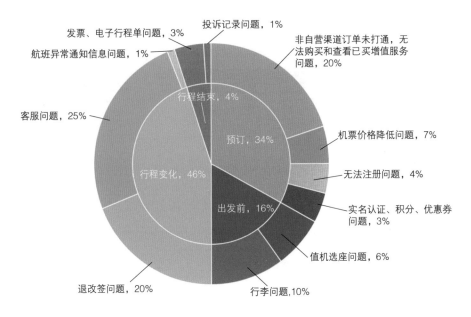

图 2-4　用户投诉占比

从图 2-4 中可知，行程变化问题占比较高。在行程变化问题中，退改签问题占20%；客服问题占25%；航班异常通知信息问题占1%；其中客服问题较多，我们要继续深入了解客服问题具体是什么问题，例如，客服电话打不通、解决不了问题等。

在预订环节问题中，非自营渠道购买的机票找不到订单，无法在自营渠道购买行李托运等增值服务以及买了增值服务找不到订单和记录问题，占20%；机票价格降低问题，占7%；无法注册问题，占4%；实名认证、积分、优惠券问题，占3%。

在出发前问题中，值机选座问题，占6%；行李问题，占10%。

在行程结束问题中，发票、电子行程单问题，占3%；投诉记录问题，占1%。

对于用户咨询和反馈的问题，我们需要去一一解读和深挖产生问题的原因及改善的可能性。解读用户心声，深挖用户的深层含义。

比如出发前的值机选座问题包括为什么无法进行值机选座？经停中转航班无法提前选座？如何为多人选座？选座成功后怎么去看选座成功的订单记录？选座购买记录中为什么看不到订单座位号记录？为什么不能取消已选座位？为什么在手机上选好的

座位到了机场值机的时候又变了？如图 2-5 所示，对用户反馈的问题进行分类，拆解原因、构思解决方案。

用户反馈的问题	设计师拆解原因	解决方案
为什么无法进行值机选座？	1.非自营渠道购买机票找不到订单； 2.无法选座原因告知不清楚。	1.引导通过证件号查询； 2.梳理不可选座原因，优化展示话术。
经停中转航班无法提前选座？	1.业务不支持； 2.提示告知不及时、无引导解决的方法。	1.业务支持开放经停中转选座； 2.在选座路径中提前告知原因及解决方法。
如何为多人选座？	1.不同订单乘客一起选座方法没有告知； 2.多人选座流程复杂。	1.优化提示文案、增加引导； 2.优化多人选座流程。
选座成功后怎么去看选座成功的订单记录？	操作路径不明确；	1.在选座成功页增加入口； 2.关键入口路径显性化。
选座购买记录中为什么看不到订单座位号记录？	信息展示不全；	增加座位号信息展示。
为什么不能取消已选座位？	1.功能不支持； 2.原因未告知。	1.增加取消或修改座位功能； 2.展示不可取消或修改原因。
为什么在手机上选好的座位到了机场值机的时候又变了？	1.未提前告知状态调整； 2.未展示调整原因。	座位变更通过短信和APP Push（推送）告知并提示原因。

图 2-5　用户反馈问题分类及原因拆解、对应的解决方案

这些问题如何有序地解决呢？首先我们需要过滤问题，确定问题类型，其次根据问题的紧迫性将问题进行分类与定级。

1）为什么要进行问题分类？因为性能、业务规则支持、功能缺失、流程、样式、文案都会导致体验问题，分类的目的是确定问题类型及将会由哪个职能的人来解决问题，比如技术 Bug（缺陷）就由研发来主导完成，如果是业务规则的问题，那么需要去完善业务。

2）如何对问题进行定级？通过筛选定级，确定问题的轻重缓急。定级主要从实现成本和重要性两个维度考虑：实现成本包括设计、研发、产品的时间成本；重要性从业务本身重要度和问题出现频率两个维度衡量。将问题变为需求有效、有序地解

决，在确定了问题的必要性和优先级后，我们需要对这些体验优化找到最合适的解法，总结规律与原则，避免类似的问题重复发生。

优化上线以后我们会对体验的优化进行验证，从数据、访谈、客服投诉前后对比等渠道获取相关反馈。

通过客服记录只是找到用户使用产品问题的方式，在用研资源有限和时间比较紧张的情况下，是一种比较低成本的问题采集的途径，但不能完全替代常用调研手段的作用，针对较复杂的问题还需配合访谈或问卷等形式来最终定义和发现用户的问题，具体方法可以在第 4 章中进行学习。

总而言之，我们需要将收集的用户反馈数据分为客户需求、客户投诉与客户期望，根据 Kano 模型⊖ 将客户的所有问题进行分类分级。把客户的需求、反馈和投诉的问题对应到全流程的业务和功能并进行分类，绘制用户旅程图全局掌握和定位问题，将问题最多的场景和功能点作为重点进行分析，找到优化方向及确定优化优先级，后面的章节中将会陆续介绍。

2.3.1 小节介绍的基于 ICE 模型打分法适用于对增长实验想法的优先级评估。此处需要指出的是，对于决策优先级的问题，需要结合 Kano 模型和 IPA 分析法⊖ 综合来确定。

在这一章，我们了解了如何深入到业务中去，学会定义北极星指标，搭建增长模型，找到和了解产品需要提升的业务目标。下一章我们要介绍设计师应具备的数据分析思维、数据分析方法和工具。

⊖　Kano 模型是质量专家狩野纪昭（Kano）教授首次提出和定义的，主要用来对产品和服务质量要素进行分类，适用于对用户需求的分析。狩野纪昭将产品或服务质量要素大体分为魅力质量要素 A（Attractive quality elements）、一维质量要素 O（One-dimensional quality elements）、必备质量要素 M（Must-be quality elements）、无差异质量要素 I（Indifferent quality elements）、逆向质量要素 R（Reverse quality elements）五类。在重要度上的优先关系是 M>O >A>I 。

⊖　IPA(Importance-Performance Analysis) 是重要性绩效表现分析法，适用于确定各个要素对决策的优先顺序。

第 3 章 利用数据分析工具找到洞察

3.1 设计师要掌握的数据分析思维与能力

在互联网巨头的体验设计专家职位招聘介绍中可以看到，大多数公司都会要求设计师通过数据寻找设计价值机会点，关注产品的用户体验反馈及数据分析；需要具备分析能力，包括但不限于数据、用户反馈、市场竞争等手段，会挖掘问题本质找到新的设计突破点；在洞见设计价值、不断更新沉淀设计方法的同时，为业务带来增量价值；对商业目标和用户行为有前瞻性的思考，对设计结果呈现能精准预判；建立用户端产品的体验数据指标。在某头部金融科技公司的用户体验专家招聘描述中就写道"我们比较关注数据，如果你在设计如何推动业务增长方面有思考和经验，并能通过数据验证，那我们这里将是你大展拳脚的舞台"。可见，全链路产品设计师、体验设计师不再仅仅关注功能设计，还需要参考业务/战略目标，用数据去验证产品设计的正确性。

设计师的数据分析技能不一定要像专门的市场分析人员、数据分析师或者财务人员那么专业，但需要了解数据背后用户行为的逻辑和诉求。例如，设计师通过数据分析可以进一步优化用户操作界面，了解有多少用户点击"返回"按钮，有多少用户没有进行下一步操作，以及用户点击"返回"按钮的原因是什么，进而优化操作流程体验等。

第一章中曾提过要实现设计价值，设计师需要有数据思维与增长思维，这里不过多阐述。这一章主要介绍数据分析的方法，以及如何运用数据发现问题，找到设计机会点，辅助设计决策，验证设计方案。

3.2 数据分析方法

客户旅程分为认知—了解—获取—使用—反馈五个阶段，我们应从认知到反馈建立客户全触点管理的闭环。基于商业价值的客户旅程全触点管理，我们需要分析：

- 用户是谁？用户从哪里来？——渠道、活动的质量如何？客户质量如何？
- 用户如何了解产品？——产品能否吸引用户，能否满足客户的需求？
- 如何使用产品？——用户使用的过程是什么样的？是否可用、易用？
- 如何让用户持续使用？——用户需求满足得如何？用户是否爱用？
- 如何让用户正向传播产品？——用户感受如何？自传播效果如何？

根据客户触点，我们要了解渠道流量数据、客户留存数据、客户转化数据、客户活跃数据、传播效益数据，找到设计可以发力的点，发挥设计价值。

业务数据、用户行为数据、态度数据等可以帮助我们定位问题，找到问题的关键点。数据分析方法有用户分析、用户行为数据分析（事件分析、漏斗分析、点击分析、路径分析、留存分析）、用户态度分析（如通过统计分析方法进行满意度分析）等。我们通过问卷等工具进行用户调研，通过用户画像、用户体验地图对数据进行归纳和串联，进行系统性分析。收集数据以后，基于数据（问题与场景）洞察，我们可以知道具体的问题和痛点是什么。接下来我们来了解数据分析的常用方法，掌握如何通过数据分析洞察问题。

3.2.1　用户分析

1. 用户画像

用户画像又称用户角色（User Personas），是对产品典型用户（产品目标群体）的目标、行为、观点、基本信息等真实特征的勾勒，这类用户会用相似的方式使用你的产品、服务或消费你的品牌。用户画像包括用户静态信息、用户动态信息、用户行为习惯、用户消费习惯。一个产品往往不限于一类用户使用，因此一个产品一般有3~6 个用户画像。用户画像的本质是"标签化"的用户行为特征，是将用户在互联网上留下的种种行为数据主动或被动收集后，通过数据加工分析，产生的一个个标签。比如"女性""95 后""白领""喜欢购买电子产品""月工资 10 000 元"等。我们需要从用户数据中深入挖掘增长线索。

（1）用户画像包含的方面

定性的用户画像常用于产品从 0 到 1 的探索期，因为此时产品的实际用户还太少，没法做定量验证。当产品进入从 1 到 N 的发展期，用户数据已经达到一定规模，就可以采取定量验证的方式来迭代用户画像。通过用户画像我们不仅可以知道产品有哪几类用户、这几类用户的典型画像是什么，还可以知道各类用户的比例是多少。

我们可以通过问卷、访谈、查看日志方式等获取调研结果，以用户数据为基础输入，再结合外部抽样来收集用户信息：

- 用户的基本信息（年龄，性别，职业等）；
- 同类产品经验和知识（用过哪些类似产品，选择此类产品的标准等）；
- 品牌印象和渠道（如何知道产品，对产品的第一印象是什么等）；
- 目的和行为（使用目的，用了多久等）；
- 观点和动机（喜欢产品的哪些方面，为何用本产品等）；
- 机会点（其他竞品哪些地方做得好？为什么？）。

确定好用户画像以后，我们要通过用户研究的方法，挖掘用户需求与痛点。

以某理财 APP 基金频道改版为例，在用户调研前，我们根据不同程度基金投资 / 投资理财的经验将客户设想为四类：

1）小白：几乎没有投资经验，或投资方向单一，仅投过余额宝之类的货币型基金。

2）进阶：2 年以内投资经验，至少投资过非货币基金。

3）高手：2 年以上投资经验，投资过非货币基金，并有一定的资产配置思路。

4）基金爱好者：3 年以上基金投资经验，曾经投资 5 只基金或更多，非货币基金比重较高。

经过访谈研究发现，实际存在明显差异的是三类人，即小白、进阶、高手和基金爱好者（后两类差异较小）。研究发现，不同资金规模人群在基金态度和需求上不存在明显差异。导致这三类人有明显差异的主因是：投资经验的多寡。不同经验人群，购买的基金类型不同，对不同产品的考虑因素有差异。

接下来，我们根据平台定量数据来进一步矫正用户画像，我们会根据用户在平台的投资经历调取如下数据：

- 人口属性：性别、年龄等基本信息；
- 兴趣特征：浏览内容、收藏内容、阅读资讯、购买理财产品偏好等；

- 位置特征：所处城市、所处居住区域、用户移动轨迹等；
- 设备属性：使用的终端特征等；
- 行为数据：访问时间、浏览路径等行为日志数据。

如图 3-1 所示，使用某理财 APP 基金频道的真实用户以 30~40 岁女性、每月投资 1 次以下，每次投资 0 ~ 5 万元的小白用户为主。

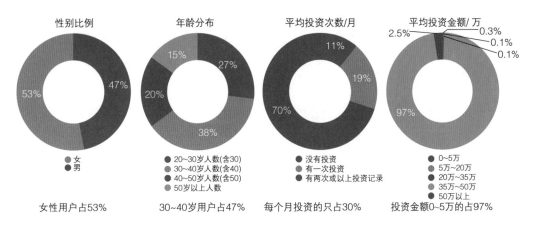

图 3-1　某理财 APP 的用户调研数据

（2）用户画像的作用

用户画像可用于产品的商业策略、需求、功能、设计、测试与评估、运营推广，在不同环节有不同的意义，建立用户画像可以用来区分不同特征的用户的不同需求。

1）指导产品设计。

在商业策略阶段，根据用户画像（目标、行为、观点、优先级）制定框架，让团队把注意力集中在目标用户上，专注于为他们提供产品或服务。在产品规划阶段，用户画像可以帮助设计站在用户的角度进行思考，理解用户的反应行为和期望。在产品测试阶段，借助用户画像指导建立测试用例，进行可用性测试、QA（质量保证）测试，把精力集中在"测试真实用户的行为"，根据用户画像来确定发现问题的优先级。

以上述理财 APP 的基金频道为例，平台以小白用户为主，用户大多为 30~40 岁女性，每月投资 1 次以下，每次投资 0~5 万元。他们刚具备投资理财的意识，缺乏投资理财知识，对投资产品的了解仅限于银行储蓄、银行理财产品，对基金的了解仅限于货币型基金。他们对本金风险非常敏感，拒绝尝试非保本投资产品，还期望快速赎回、支付便捷。那么在产品设计的时候，针对该部分人群，建议将"保本"的基金产品列为主推产品，宣传须突出"保本"，收益在其预期范围或略高更能够吸引用户投资。在用户操作过程中，让用户感受到"便捷"等。用高收益货币型基金较吸引低经验投资者，收益不高的产品可以通过提升赎回速度、增加支付功能来吸引更多投资者。另外小白用户也需要进阶，多数投资者需要理财顾问在投资上提供指点，他们希望从理财顾问处获得更多投资理财知识，以提高自身理财能力，如图 3-2 所示。

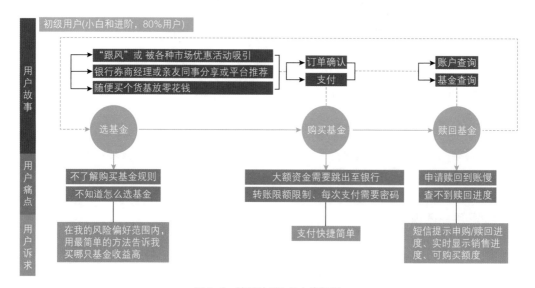

图 3-2 某理财 APP 用户旅程图

基于用户画像，融合推荐算法，进行个性化内容和产品推荐，在深度了解用户的基础上，提高内容和产品的点击率，提升平台流量和用户黏性，更精准地挖掘潜在客户，拓展市场空间，缩短客单周期。根据不同用户偏好，展示个性化的投资流程及页面，提升转化率。

2）指导广告、营销设计。

为具体的用户画像进行广告、营销设计，效果上要远远优于为脑中虚构的东西做设计，做起来也更为容易。例如，精准广告可以选择人群，根据年龄、区域、天气、游戏爱好、内容偏好、购物行为、搜索行为等定向选择进行投放，可以通过腾讯的广点通做精准广告投放，它支持用户在微信、QQ 精准投放。通过"用户的标签"，可以让对的人看到对的信息，提升 ROI（投资回报率）。在广告投放设计的过程中，需要抛开个人的喜好，将焦点放在目标用户的动机和行为上，以此进行设计。

2. 用户分群

用户分群就是通过一定的规则找到对应的用户群体。我们要从目标、观点、行为这些维度入手将用户细分得到用户分群，要找准用户细分的标准。定性的用户分群可以通过亲和图法将原始信息进行聚类，得到分群结果。定量的用户分群可以在 GrowingIO 等一些数据分析平台中，根据要解决的业务问题来定义关注的用户群体。通过将分群套用在事件分析、漏斗分析与留存分析等分析工具中进一步分析，通过设计和运营手段对这部分人群进行差异化产品设计和精细化运营。

常用的方法如下：

- 找到做过某些事情的人群：比如过去 7 天完成过 3 次购物车计算的用户；
- 找到有某些特定属性的人群：比如年龄在 25 岁以下的男性；
- 找到在转化过程中流失的人群：比如提交了订单但没有付款的用户。

对流失用户分群的转化率优化，是设计人员最常关注的。在转化率优化过程中，我们会将转化漏斗中每个步骤流失的用户进行分群，然后通过用户细查去分析用户流失前的行为，大胆猜想用户放弃的原因，再通过用户研究的方法确认流失原因，以便优化方案能解决用户的问题。

用户分群有什么作用？

通过用户分群，依据不同用户群体特性进行产品设计，通过用户的使用场景、痛点、用例等来定义新功能、信息架构，用视觉手段和用户建立沟通，为各类用户建立"风格指南"或"情绪板"，了解哪些视觉设计元素对关键用户更有效[○]。

通过用户分群，对不同需求的用户匹配不同的服务和内容，从而满足用户个性化的需求，更好地完成在运营过程中拉新、促活和激活的工作，进行精细化运营。

　　○　我的微信公众号"予芯设计咨询"（微信号：YXdesign2024）上会介绍更多这方面的案例。

3. 用户分群产品设计策略

用户分群的方法有很多，有基于用户价值的分群，如用户生命周期模型[一]、RFM（客户价值划分）模型[二]、AARRR 模型[三]；有基于用户身份的分群，当产品的用户有黏性时这种分群适用，由于用户的贡献度或稀缺性不同，用户呈现出明显的阶层区别；有基于用户需求的分群，用户使用产品会因为用户特征不同而导致需求不同。

以某金融理财平台为例，根据 RFM 模型对用户进行 k 均值聚类[四]，从而实现价值分层。在用 R 语言得出结果后，发现可将用户分为重要发展用户、重要保持用户、重要挽留用户、一般价值用户和一般发展用户共五层。之后使用 Boruta（布尔塔）算法[五]和 PCA 算法[六]对每个用户群体的重要特征进行筛选，通过实验结果与性能对比来选择更合适的模型，同时了解每一类用户的消费属性、金融属性以及基础属性，再进行用户问题挖掘的研究，从而针对每一类用户进行相应的产品差异化设计。如表 3-1 所示。

表 3-1　某金融理财平台 RFM 模型

类别	R[1]分值	F[2]分值	M[3]分值	Repayment[4]分值	用户分类	占比	用户描述
1	5	2	3	3	重要发展用户	3.66%	加强拉新
2	2	5	4	3	重要保持用户	10.37%	促进该用户复购次数
3	1	4	3	4	重要挽留用户	16.56%	有流失倾向，促活，加强挽留
4	3	3	2	2	一般价值用户	56.34%	有流失倾向，加强挽留
5	2	1	1	1	一般发展用户	13.11%	忠诚用户，加强复购

① R 代表最近一次的消费时间（Recency）。
② F 代表一段时间内的消费频次（Frequency）。
③ M 代表一段时间内的消费金额（Monetary）。
④ Repayment 代表还款次数，还款和结清次数越多越好。

〇 用户生命周期分为引入期、成长期、成熟期、休眠期、流失期，用户生命周期模型可以根据用户在各阶段的访问产品频次和购买次数等指标来定义分群标准。
〇 RFM 模型通过客户的近期购买行为（R）、消费频率（F）和消费金额（M）三项指标描述客户价值。
〇 适用于比较初级的阶段，是一种简单粗略的分层方法。
㊃ k 均值聚类是最常用的基于欧式距离的聚类方法，其认为两个目标的距离越近，相似度越大。
㊄ Boruta（布尔塔）算法是一个基于随机森林分类算法的包装器，能筛选出所有与因变量具有相关性的特征集合，该算法的意义在于可以帮助我们更全面地理解因变量的影响因素，从而更好、更高效地进行特征选择。
㊅ PCA（Principal Component Analysis，主成分分析）是一种常用的数据分析方法。PCA 通过线性变换将原始数据变换为一组各维度线性无关的表示，可用于提取数据的主要特征分量，常用于将高维数据降维。

用户分群产品设计与营销方案，如表 3-2 所示。

表 3-2　用户分群产品设计策略

类别	用户分类	用户主要特征	产品设计策略
1	重要发展用户	• 年轻女性为主； • 年龄段 19~25 岁； • 普通职员； • 月收入 5 000~10 000 元； • 理财途径：互联网理财、银行理财产品、基金以及期货，不选择高风险理财产品，抱着尝试的心态； • 对产品功能认知度一般，不受活动权益的吸引	• 目标：有流失倾向，提升用户的活跃度； • 产品设计策略：通过分期付款、生活服务、支付、兑换等，增加用户使用场景
2	重要保持用户	• 26~30 岁年龄段的女性； • 普通职员； • 月收入在 5 000~10 000 元； • 主要理财途径：债券，不选择高风险理财产品，目的是进行余额理财； • 对产品功能认知程度一般，并受到活动权益的吸引	• 目标：促进多次复购； • 产品设计策略：用户担心流动性问题，因此不会购买正规的固定收益理财，更愿意购买长期理财产品，因为可以随时变现，使资金成本最低地快速运转
3	重要挽留用户	• 31~40 岁年龄段的女性； • 企业中高层管理者； • 月收入在 1 万~2 万元或 2 万元以上； • 主要理财途径：互联网理财、银行理财产品以及基金，不选择高风险理财产品； • 对产品功能认知程度一般，并受到活动权益的吸引	• 目标：促活，加强挽留； • 产品设计策略：产品的主要定位是增强用户的参与感，充分利用社会热点，通过游戏化的方式来刺激用户投资，"游戏化拉动用户增长"
4	一般价值用户	• 26~30 岁年龄段的男性； • 普通职员； • 月收入在 5 000~10 000 元； • 主要理财途径：银行理财产品，不选择高风险理财产品，目的是进行余额理财，采取尝试的心态； • 对产品功能认知程度一般，并受到活动权益的吸引	• 目标：加强复购； • 产品设计策略：固定收益类财富管理产品，针对具有一定闲置资金，短期或中期非流动性要求，同时具有资本增值要求的用户
5	一般发展用户	• 31~40 岁年龄段的男性； • 企业中高层管理者； • 月收入在 1 万 ~2 万元或 2 万元以上； • 主要理财途径：互联网理财、银行理财产品以及基金； • 对产品功能认知程度一般，不受活动权益的吸引	• 目标：高频率营销； • 产品设计策略：股权众筹，产品具有高投资门槛和高盈利能力的性质

4. 用户分层下的流量切分和承接

在引流渠道上，根据分层用户占比和优先级进行资源分配的优化，这样才能使流量更加精准高效地引入。在流量入口上，根据不同分层用户展示差异化的素材样式，当用户到达首页后，根据分层用户类型，进行千人千面的设计。在设计过程中，要考虑用户没登录、获取不到用户数据等场景下的默认样式。首页以及活动页的承接，根据分层用户特征来推导设计目标，进而制定具体设计方案策略，从内容上进行精准推荐。根据用户的不同内容诉求，规划差异化的浏览动线以及页面信息结构，以匹配不同用户的浏览习惯、最大化提升他们的浏览效率。在模块的形式、信息结构上都可以追求更加极致的个性化，甚至一个坑位的大小、颜色、图片风格等都可能对不同用户最后的决策产生不同程度的影响。

3.2.2 用户行为数据分析[○]

对于设计师来说最具有启发意义的就是用户行为数据分析了。通过用户行为数据分析可以记录用户关于产品的使用行为，还原用户的实际使用场景，发现产品中存在的问题以及用户需求。我们在设计产品的界面、交互逻辑和功能的时候，大部分情况下是按照设计师的主观经验判断和行业常见形式进行设计，但是设计好之后用户是不是跟你想的一样，是不是按照设计好的体验流程来走，交互的逻辑是不是用户真正想要的，我们是不知道的。虽然设计好之后我们可能会做一些用户测试，但参加测试的用户毕竟不能代表真正的用户。所以，等我们有了一些用户基础，就可以查看用户行为数据，可以知道用户需求与自己为用户设计的是否一致，是否为用户产生价值，这才是以用户为中心。我们也可以用行为分析挖掘出增长线索，引导和改变用户。

1. 用户行为分析方法

先要了解用户是如何使用产品的，将用户使用频次、使用时长、浏览页面数、页面停留时间、使用路径等数据进行汇总，为漏斗分析模型、用户分群模型等数据分析

○ 本小节为了直观说明每种分析方法的含义，需配相应的分析图，限于篇幅我仅选取了应用某公司的产品做的分析图，市面上还有其他数据分析工具可做出图表，读者有兴趣的话可以自己尝试使用。

模型提供基础数据。再发现用户的使用习惯和对产品的需求，通过产品或运营的方式引导用户，改变用户行为的轨迹和模式，优化产品使用体验，让用户更好地从产品中获得长期价值。

通过用户行为分析驱动增长有两个步骤，一是，明确分析对象是一次性行为（如下载 APP、完成注册等）或低频行为（如充值、重置密码等），还是周期性行为（如下单等产品的核心操作）。一次性行为，虽然用户只做一次或几次，但可以为用户使用产品打下基础。

二是，根据分析对象来选择分析方法，但是在分析之前要了解需解决的是该对象的转化问题还是留存问题。分析对象有两类关键用户行为，即从业务出发定义关键转化路径行为以及发生频次高的周期行为。在实际数据中，我们确认哪些路径是关键路径，以及哪些行为是高频行为，并发现遗漏的地方，然后通过路径分析验证其是否是关键转化路径，通过比较行为的数量来判断是否是高频行为。

2. 用户行为分析解决转化问题和留存问题

转化问题，其对象是用户行为路径，目标是让更多的用户做某件事，走上正确路径。分析的方法包括：①漏斗分析，通过漏斗分析用户可以在事先规定的转化路径上，发现哪些步骤流失最严重。②路径分析，通过路径分析可以看到大多数用户现在的行为路径和实际的行为路径有什么差异。③轨迹细查，通过轨迹细查可以看到单个用户的实际行为路径。

留存问题，其对象是周期性行为，目标是让用户更多地做某件事，养成正确习惯。其中的方法包括：①留存分析，即用了一次某功能的用户群在一段时间内其中有多少人还会接着用该功能。②频次分析，即在一段时间内用户会用这个功能多少次。

下面介绍我们在产品设计过程中最常用的分析工具。

3. 事件分析

事件是指用户操作产品的一个行为，即用户在产品内做了什么事情，用描述性语言表示就是"操作 + 对象"。事件类型包括浏览页面、点击元素、浏览元素、修改文本框等。事件分析是对用户行为事件的指标（用户使用频次、使用时长、浏览页面数、页面停留时间、跳出率、退出率等，详见第 5 章）进行统计、维度细分、筛选等分析操作。例如，注册是一个事件，包括打开 APP、点击"注册"按钮、填写等多个步骤，设定事件的目的在于记录某个事件的用户人数和发生时间。

如图 3-3 所示为某 APP 的事件分析。从图 3-3 中可以看见某 APP 的注册次数与人数均有提升。

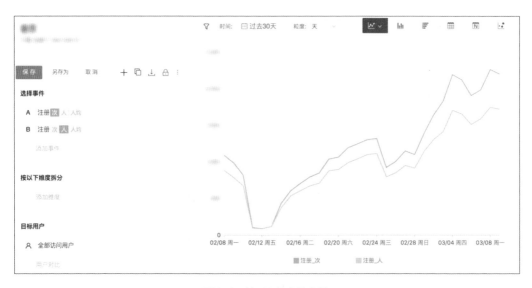

图 3-3　某 APP 的事件分析

事件分析常用线图、纵向柱图、横向柱图、表格、数值表、气泡图进行分析，下面依次介绍。

1）线图可以用于观察一个或多个数据指标连续变化的趋势，也可以根据需要与之前的周期进行同比数据分析。从图 3-4 中可以看见某 APP 首页近一个月的用户量较平缓，但页面浏览量呈增长趋势。

2）纵向柱图主要用于分析和对比各类别之间的数值大小，其中横轴表示需要对比的分类维度，纵轴表示相应的指标数值。我们可以通过纵向柱图分析一个或多个指标在特定维度的分类表现。图 3-5 展示的是用户量、访问量、页面浏览量等流量指标从不同级访问来源过来的数据表现。可以通过纵向柱图对比不同访问来源的数据，判断哪些是高质量的渠道。

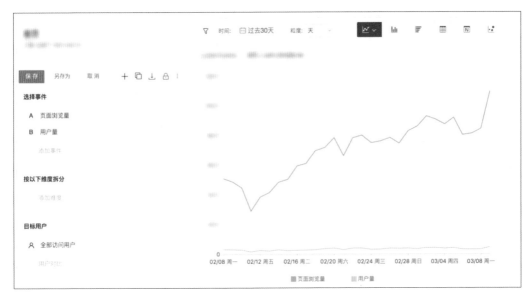

图 3-4　某 APP 的事件分析—线图

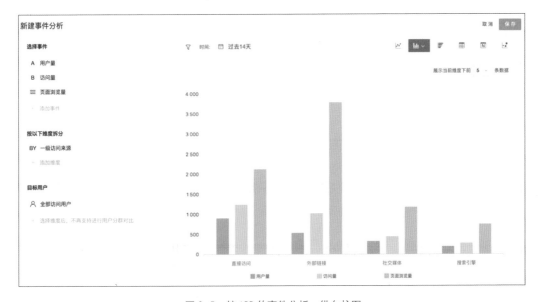

图 3-5　某 APP 的事件分析—纵向柱图

3）横向柱图是一种频数图，主要用于观察某个指标在某个维度上的分布。根据业务需求对指标按照一定维度拆分，对比不同组别的频数，便于分清轻重缓急。我们可以选择指标以及维度，进行时间范围调整和维度过滤。图 3-6 展示了某金融理财平台的用户在同一页面的不同功能按钮上的点击频数，并且为用户提供的服务功能的点击量从大到小进行排序，我们可以从中看出该平台大部分用户对"零钱理财"功能的使用率较高。

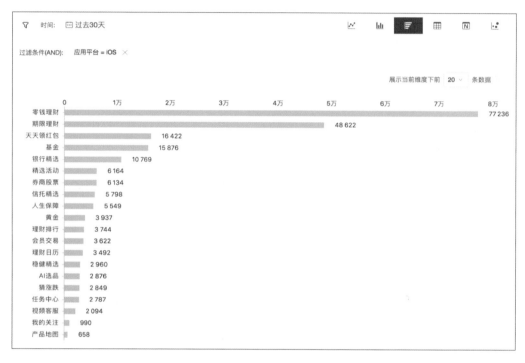

图 3-6　某 APP 的事件分析—横向柱图

如果你希望查看不同访问来源的访问用户量，可以选择"用户量"指标，选择"访问来源"维度。从图 3-7 可以看到在过去 7 天内访问用户数总量排前 10 名的访问来源按照降序显示，我们从中可以判断哪些是高质量的渠道。常用来细分的维度包括浏览器、操作系统、城市、APP 版本、设备型号和广告来源等。

4）表格是信息最密集的呈现方式，可以同时分析多指标和多维度的数据，我们可以选择指标和维度，然后设置时间范围和展示粒度，进行维度过滤。如图 3-8 所示，相较于图表的形式，用表格形式不那么容易看出变化趋势，但是能更快地得到具体数值。对于核心指标或你关心的指标，快速进行多维度拆解，灵活性高。在对多个目标用户群进行多事件指标、多维度分析时，表格将对事件指标进行拆分排序，并将各事件指标聚合在对应的目标用户群下。

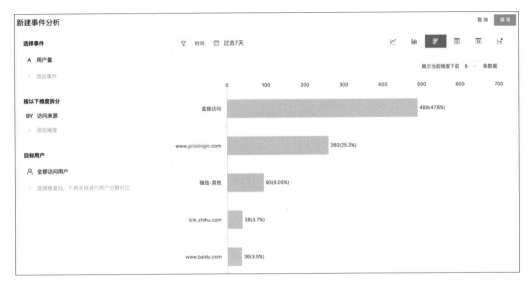

图 3-7　某 APP 的事件分析—横向柱图

图 3-8　某 APP 的事件分析—表格

5）用数值表显示数据的方式最直观，当我们想把核心指标通过最直观的形式展现时，可以使用数值表。选择具体的指标，再对时间和维度进行选择，然后填写图表名称，保存即可。如图 3-9 所示，在过去 7 天内，出现某问题的错误率为 0.31，较上个周期增加 35.1%。

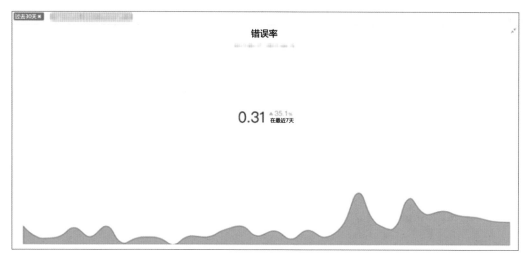

图 3-9　某 APP 的事件分析—数值表

6）气泡图主要用于分析在一个维度上多个事件之间的关系，比如油耗、速度、价格和不同的车型之间的关系。您可以分别设置 X 轴、Y 轴的具体事件，选中具体维度，再设置大小、颜色表示的事件，对时间和维度进行筛选，然后填写图表名称，保存即可。如图 3-10 所示。

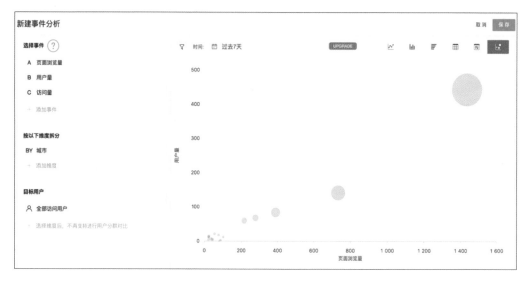

图 3-10　某 APP 的事件分析—气泡图

4. 漏斗分析

转化分析常用的工具是转化漏斗，简称漏斗（funnel）。绝大部分商业变现的流程，都可以归纳为漏斗。漏斗分析是最常见的数据分析手段之一，无论是注册转化漏斗，还是电商下单的漏斗。通过漏斗分析我们可以从先到后还原用户转化的路径，分析每一个转化节点的效率。

以往我们会按照产品和运营的经验构建漏斗，但这个漏斗是否具有代表性，优化这个漏斗对于整体转化率的提升有多大作用，对此可能还有些疑虑。如果我们通过用户流向分析了解用户的主流路径，确定核心转化漏斗，找到关键点进行优化提升，会事半功倍。

用户流向分析需要分析人员有一定的经验和判断能力，通过该分析能非常直观地看到用户的主流路径。GrowingIO 公司产品的智能路径分析功能，只需要选择转化目标，一键就能分析出用户转化的主流路径。

在转化漏斗中，既可以找到流失率最高的那一步进行优化，又可以通过全链漏斗和 AARRR 各环节的细分漏斗寻找用户流失点和增长机会。然后我们明确目标，再选择分析方法并分析数据，从而发现线索及提出方案。

例如，新用户在注册流程中不断流失，最终形成一个类似漏斗的形状，如图 3-11 所示。在用户行为数据分析的过程中，我们不仅看最终的转化率，还关心转化漏斗中每一步的转化率。

其中，我们往往关注以下三个要点：

1）从开始到结尾，整体的转化效率是多少？
2）每一步的转化率是多少？哪一步流失最多，原因是什么？
3）流失的用户符合哪些特征？

图 3-11 中，注册流程分为 4 个步骤，总体转化率为 22.1%，即有 243 102 人来到注册页面，其中 53 654 人完成了注册。但是我们不难发现第一步的转化率是 35.4%，显著低于第二步的 70.5% 转化率和第三步的 88.4% 转化率，推测出第一步注册流程存在问题。显而易见第一步的提升空间是最大的，投入回报比肯定不低；如果要提高注册转化率，我们应该优化第一步。

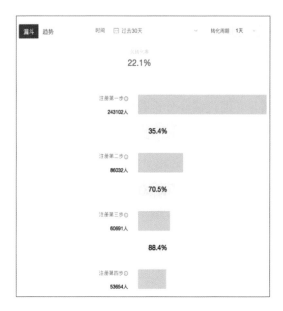

图 3-11　某 APP 的漏斗分析

以电商网站购买转化率为例，某电商网站使用漏斗衡量交易转化时发现，APP 上的用户量高于网站，但转化率却低于网站。从图 3-12 的具体步骤上可以看出，用户提交订单之后到支付环节的转化率明显低于网站，值得注意的是，提交了订单的用户购买意愿非常强烈，是很有潜力召回的一批用户。但是他们却选择了返回上一步，而不是去支付。

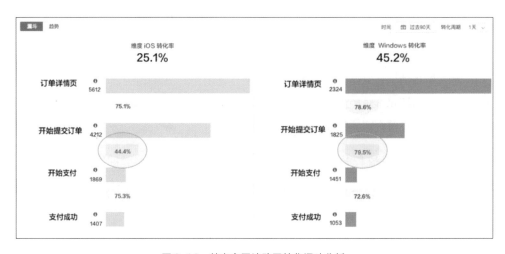

图 3-12　某电商网站购买转化漏斗分析

对比网站和 APP 在支付页面的信息结构，我们发现 APP 上的支付页面缺少了订单商品的详细描述、收货人地址和联系方式等信息，导致很多用户要返回上一步确认，让用户产生了犹豫，从而导致转化率下降。

于是，产品设计师参考网站的信息结构，补充了详细信息，同时在支付环节进行流失用户召回。

图 3-13 的转化漏斗的趋势图展示了支付环节优化后的效果，APP 端从提交订单到支付环节的转化率明显提高，甚至略高于网站转化率，总体转化率也被拉高。同时，在漏斗中将进行召回的用户作为目标用户，监测召回后的转化率变化，以此来评估本次召回活动的效果。

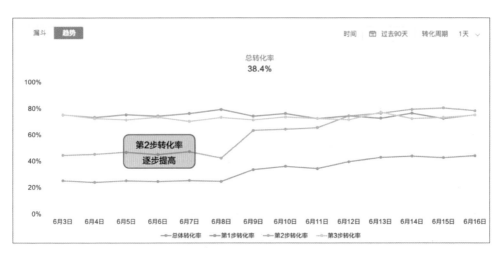

图 3-13　某电商网站购买转化漏斗趋势图

类似的转化问题，仅靠直觉是很难发现的，它需要产品设计或者运营人员高度的数据敏锐感、娴熟的业务技能，这也是转化分析高级阶段的表现。我们在发现问题后进行产品优化，优化方案上线后再回到漏斗中监控优化效果，能使产品在不断的迭代中稳步增长。

5. 路径分析

路径分析帮我们了解用户在 APP、网站或小程序的用户旅程，了解用户在任意一点之后的流向，也可以了解用户是如何一步步完成转化的，探索用户与产品的交互过程，进而发现问题、激发灵感或验证假设。这种方式有助于我们关注用户的实际体验、发现具体问题，根据用户使用习惯设计产品、投放内容。

我们需要思考用户使用产品的主要路径，画出以某个行为为重点的路径。通过观察，可以看出达到某个功能的路径中的最主流路径，看到实际路径和走向期望的主流路径的区别。关注新用户进入首页后的实际路径，以及最喜欢去的页面。通过一系列的分析，考虑如何引导用户回到主流路径，迅速到达核心模块。

通过路径图能非常直观地看到每个界面用户访问的数量，每个界面用户流向的比例和流失的比例等，也可点击其中的卡片，查看经过这个界面的用户是从哪里进来的，最终流向了哪里，流失的比例是多少等关键的信息，这样我们就可以分析清楚产品的架构有没有问题、功能交互有没有问题等。这种路径图对于我们分析用户的体验旅程、优化用户体验有非常重要的参考意义。

从图 3-14 的分析可以看出，用户通过哪些路径到达产品的详情页，以及如果想提升详情页的访问数应先从哪条路径入手。通过观察是否发现某些事先不为人知的路径？用户离开预想路径后，实际走向是什么？用户到达详情页之后，为什么没有点"支付"按钮？用户都去什么地方了？如何避免用户离开预想的路径？

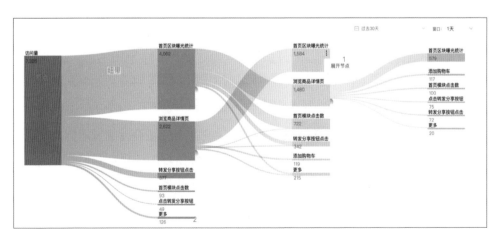

图 3-14 某 APP 的路径分析

以某电商网站为例，我们观察到一位用户在该网站上的详细行为轨迹，该用户从官网首页到落地页，再到商品详情页，最后又回到官网首页。可见网站购买转化率低，以往的业务数据无法表明转化率低的具体原因，但是通过分析该用户的行为轨迹，我们可以发现一些产品设计和运营的问题（如是不是商品不匹配等），从而为决策提供依据。

6. 轨迹细查

轨迹细查是指通过按时间排列一系列行为，展示单个用户的实际行为路径。与用户分群功能相关性较大，一般是通过用户分群筛选出在某一步流失的用户，从单个用户的行为轨迹中，找到某些异常或规律性。例如，某个用户流失了，我们想了解用户流失前的那段时间都做了什么，看看是否有异常；新版本的某个功能有 bug，看看用户轨迹是否有异常；用户没有完成相关操作，看看该操作过程中用户的行为，具体在哪里卡住了。

如图 3-15 所示，细查近一个月内访问次数为 1，在订单填写页流失的新用户的用户行为，样本量为 1 000，将流失共性归因。

图 3-15　某 APP 的轨迹细查分析

7. 热图分析

热图其实是从个人计算机（PC）时代延续下来的界面分析方法，是以页面中元素的点击率（元素点击次数／当前页面 PV）为基础的数据的图形表示方式。热图包括热力图和热点图，能把用户感兴趣的内容及用户的流向非常直观地表示出来，比如用户在页面上的点击、浏览，在页面元素上的停留时长，滚动屏幕等用户与页面内容的交互行为，都表现出用户对产品展示信息的关注程度、产品内容和设计素材是否能吸引用户的眼球。常见的热图有点击热图、注意力热图等。热图分析很简单，如点击热图在相关的界面上把用户点击的频率用颜色表示出来，颜色越红表示用户点击得越多，从该入口进去的用户越多。

为了让用户在访问中停留下来并做下一步动作，我们会关心以下这些问题：

- 用户是否点击了我们希望互动的内容？
- 有没有重要按钮或元素被大量点击，却被放到了不起眼的地方？
- 用户感兴趣的内容是否和我们预想的一样？
- 不同的运营位置、不同的内容对用户的吸引程度是怎样的？
- 具体元素的点击数据如何？
- 不同渠道的访问者对于页面的关注点有哪些差异和特征？
- 从重要元素的点击来看，哪个渠道质量更好？
- 未转化用户与转化用户之间的热图表现差异如何？

从图 3-16 的热图详情数据中可查看所选页面中点击率排前 15 名的元素。点击"查看更多排名"可以查看点击率排前 50 名的元素排名列表。在"7.2.6　设计方案测试方法三：眼动测试"小节中，有注意力热图的详细介绍和案例，可供大家参考学习。

热图在线下场景的使用

随着新零售的发展，实体店铺会利用热图了解用户行为轨迹。热图通过颜色深浅来表示店内人群驻留情况，颜色越深表示客流量越大，这样可以直观地了解店铺内部人流分布，以及消费者在店内喜好，同时结合销售数据调整店铺商品陈列、商品选择、调整价格等方式促进销售，利用消费者在店内行为真正帮助店铺进行运营决策。

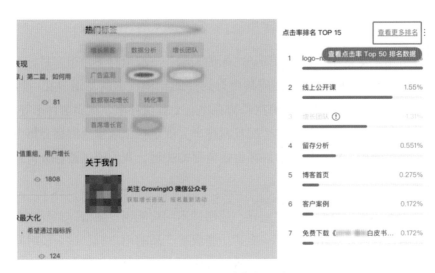

图 3-16　某网站的热图分析

以某美妆店为例，商家想在冬季来临前对保湿产品进行促销活动，但几款产品功能相近，对消费者的喜好无法精准把握，后来商家利用热图功能发现，消费者普遍在某保湿产品展台前平均驻留时间较长，由此商家在此产品展台周围增加了详细介绍并对价格进行了调整，一周内此产品的销售额增加 50%。

以某箱包鞋店为例，店内商品较多，何种商品最能吸引人群？消费者进店后主要关注的商品有哪些？商家利用热图发现，大多数女性消费者对高跟鞋的偏好高于对其他类型鞋的，她们大多数的行为动线都为先走向促销类高跟鞋，由此商家将促销类高跟鞋放在店铺进门位置以吸引人流，一周后进店人数果然提高 20%。

热图在原有客流分析的基础上，通过消费者行为让商家真正了解消费者喜好，进而完成商家运营决策，让店铺营销更加有效。

8. 留存分析

留存，顾名思义，就是用户留下来、持续使用产品的意思。留存是 AARRR 模型中重要的环节之一，只有做好了留存，才能保障新用户在注册后不会白白流失。有时候我们光看日活（DAU），会觉得数据不错，但有可能是因为近期有密集的推广拉新活动，注入了大量的新用户，但是留下来的用户不一定在增长，可能在减少，只不过被新用户数掩盖了所以看不出来。这就好像一个不断漏水的篮子，如果不去修补底下的裂缝，而只顾着往里倒水，是很难让篮子一直装满水的。

留存分析用于探索用户行为与回访之间的关联。一般留存率是指"目标用户"在一段时间内"回到网站/APP中完成某个行为"的比例，也就是用户在一段时间内"重复行为"的比例。常见的指标有次日留存率、七日留存率、次周留存率等。比如，常用某个时间获取的"新用户"的"次日留存率"度量拉新效果。留存分析方法分为留存分析与频次分析，用户体验的好坏也是留存的关键，我们通过留存分析可以找到设计机会点。

通过分析不同用户群组的留存差异、使用过不同功能用户的留存差异来找到优化点。留存数据报表可以显示使用了一次某功能或某产品的用户群，过一段时间其中有多少用户还会接着用该功能或该产品。通过对比观察产品留存率的现状，不同群组的留存率，找到改善的机会。下面以改版效果评估、产品不同功能表现、激活手段以及运营活动效果评估为例，来了解留存分析方法。

1）以评估以提升新用户次周留存为目标的产品改版效果为例，某社交APP想要提升新用户的次周留存率，并以此为业务目标进行了新版本产品迭代，并评估改版的有效性。在GrowingIO留存功能中，可以通过"维度对比"快速实现评估。设置方案：选择特定的"起始行为"和"留存行为"，将目标用户设定为"新访问用户"，维度对比设置如图3-17所示，可以看出，2.3版本的新用户次周留存率有明显提升。

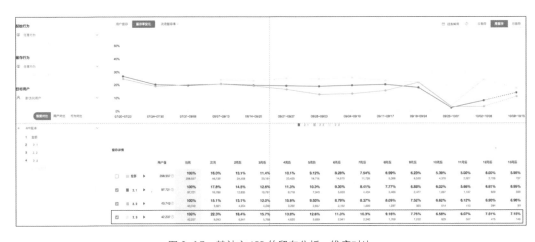

图3-17　某社交APP的留存分析—维度对比

2）以评估产品内不同功能的表现为例，成功的产品功能应该具备两个特点：被更多的用户使用和该功能的用户黏度高。从图 3-18 可以看出，功能 A 的留存率最高，该功能被用户使用得多。

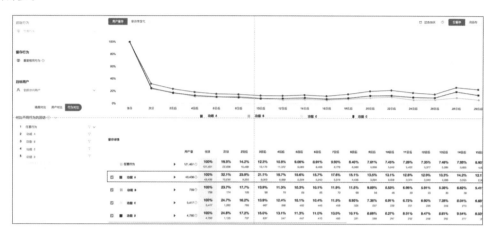

图 3-18　某社交 APP 的留存分析—行为对比

3）以评估某个产品激活手段是否有效为例，某社交电商产品为了推广电商模块，采用了"签到奖励"的激活手段，用户签到之后可以获得积分，积分可以抵扣在电商购物时的部分金额，该 APP 期望可以用这种激活手段来拉动电商模块的活跃度和购买转化。

由于用户签到奖励的积分长期有效，并未设置严格的有效期，用户可能在后续的任意时段使用，因此推荐使用留存功能来监测用户签到领取积分之后的转化情况。同时，由于签到积分存在较低的"薅羊毛"门槛，部分投机用户可能会坚持签到以获取积分，然后通过积分直接兑换商品，可以使用**"行为对比→对比留存行为"**来分析这种情况。

如图 3-19 所示，激活手段应用之后，使用"签到奖励"功能的用户继续使用"签到奖励"的留存率很高，但到电商模块交易的比较少，说明签到奖励对于激活电商模块的效果不够好，需要进一步调整签到奖励策略或结合其他激活手段。

4）以不同运营活动的效果衡量为例，电商、互联网金融理财、OTA（在线旅行社）等很多业务经常通过发放优惠券来刺激老用户复购。常见的优惠券有满减券、返现券、组合券等。那么，哪种优惠券更加有效呢？对于选定的目标用户，可同时对不同的用户发放不同优惠券做优惠券有效性测试。推荐使用留存分析的**"行为对比→对比起始行为"**来分析。从图 3-20 的留存曲线可以看到，不同优惠券领取的用户量和刺激用户后续投资 / 购买的差异。

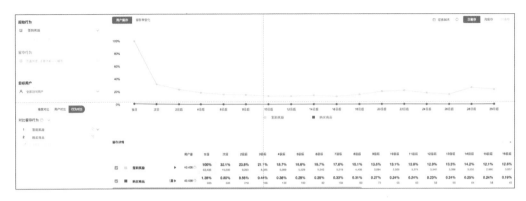

图 3-19　某社交 APP 的留存分析—对比留存行为

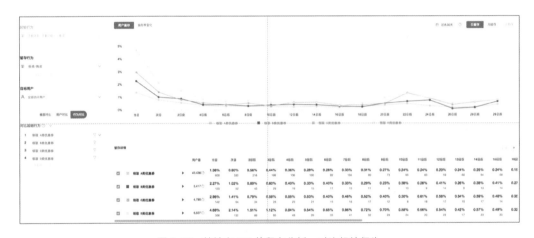

图 3-20　某社交 APP 的留存分析—对比起始行为

9. 频次分析

频次分析是指在一段时间内用户用某个产品功能的次数。我们可以观察活跃用户使用产品的总体频次是否偏低？如何提升？某个群体使用频次是否超过平均值？

对于以上问题的常见分析方法是通过观察使用频次分布规律，来优化产品设计和运营策略。针对没有达到平均值的用户，寻找原因，制定策略，提升使用频次。甄别高价值用户，并调整资源分配和运营策略。观察并了解哪些是下单最多的高价值用户，如何提升这些用户的满意度，让他们成为忠实用户，如何引导普通用户向高价值用户迁移？对比不同渠道、地区等维度的用户使用频次分布状况，分析使用偏好差异，实时调整产品设计、运营策略。

10. 高阶综合分析

高阶综合分析是指运用多种数据分析工具，进行综合分析、发现线索。比如通过行为分析，针对问题点应用多种分析方法继续深入分析，寻找原因，再通过用户分群，对行为方式进行具体拆分。对比不同用户群体、不同维度的用户行为，在对比中找原因。

1）针对转化问题：通过漏斗分析发现问题，通过路径分析、轨迹细查、用户分群、点击热图以及第 4 章将介绍的用户调研等方法探寻原因。

2）针对留存问题：通过留存分析发现问题，采用漏斗分析、频次分析、用户分群、路径分析、用户调研等方法探寻原因。

在本书的"8.5　产品转化流设计优化"一节中，将详细介绍高阶综合分析的方法和案例。

3.2.3　态度数据分析方法

用户行为数据能够客观地表现用户的行为，但不能具体地表现出用户的真实问题，只知道在哪个环节出现问题，我们需要通过一些调研工具（如问卷调查等）帮助我们进一步确认具体问题。有条件的话可以根据多维度条件触发调研，针对精准的场景和精准的客户，获得精准的反馈。最终通过调研结论判断用户在体验过程中的真实想法及满意程度，是否愿意推荐给朋友等。态度数据包括 NPS（净推荐值）、满意度、客户反馈、情绪数据、核心需求及痛点、客户价值及态度等，这些都属于主观的体验反馈数据。

以某电商满意度为例，从指标体系的建立，数据的获取、分析到制定优化策略分为以下五步，如图 3-21 所示。

1. 构建满意度测评指标体系

满意度测量指标是了解用户对产品态度的核心部分，能反馈用户的需求和看法。用户满意度的影响因素来自不同方面，杰姆·G. 巴诺斯（James G. Barnes）从马斯洛需求层次角度提出影响用户满意度的主要因素如下：

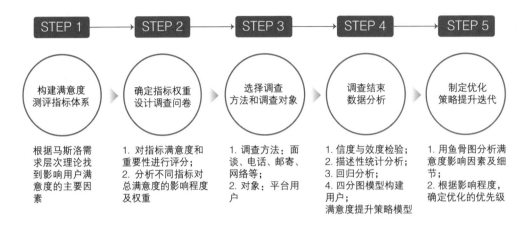

图 3-21　某电商平台满意度数据获取及分析步骤

· 核心产品和服务：若产品和服务的性价比、质量、附加价值越高，越能获得高用户满意度；

· 服务和服务支持体系：健全而流畅的营销体系能够更快地对用户的反馈做出回应，营销体系的服务质量和反应速度会影响用户的满意度；

· 技术：电商平台精准的算法能提高搜索效率和准确度，图片缓存优化和压缩技术可以优化用户体验、节省流量，从而提升 APP 的性能；人脸支付加密技术可以有效保障个人隐私安全，提升用户的满意度；

· 用户关系：积极处理用户抱怨的问题，保持良性的沟通渠道，能够有效提高用户满意度；

· 情感因素：企业品牌和形象，即企业的社会形象和品牌形象在一定程度上会影响用户的满意度。

通过对企业外部环境的 PEST 分析⊖ 和平台内部运营、资源、用户数量、管理等的分析，以及在内部与相关岗位同事、专家进行沟通，运用层次分析法⊜ 我们可以初步设定指标体系。

⊖ PEST 分析是指对宏观环境的分析，P 指政治（politics），E 指经济（economy），S 指社会（society），T 指技术（technology）。通常通过这四个因素来分析企业集团在所处的背景面临的状况。
⊜ 层次分析法（简称 AHP），是将与决策总是有关的元素分解成目标、准则、方案等层次，在此基础之上进行定性和定量分析的决策方法。

运用层次分析法分析问题和解决问题时，首先需要分析相关因素之间的关系，把问题条理化、层次化，并构造出一个递阶层次指标体系结构模型。我们在层次分析法的基础上运用递阶层次指标体系结构模型构建了某电商平台客户满意度指标体系，该指标体系按照三层构建，某电商平台客户满意度的第一层被设计的最高层，也叫目标层，是决策问题的预订目标或所要达到的理想结果；商品宣传、商品信息、平台设计、信息安全、售后服务为第二层，是为实现目标所涉及的中间环节；从第二层指标细分出的所有三级指标为第三层，是底层也叫措施层，是为了实现企业目标而提出的各种措施或者方案。例如，其中二级指标中的信息安全，经过细分后产生 3 个三级指标，包括支付安全、顾客信息安全、购物隐私安全。将该电商平台所有二级指标进一步细分后，共产生 22 个三级指标，具体细分指标如表 3-3 所示。

表 3-3　某电商平台客户满意度指标体系

一级指标	二级指标	三级指标
客户满意度指标	商品宣传	促销方式多样性
		个性化需求程度
		网站推广度
	商品信息	信息完整度
		数据真实性
		信息有用性
		内容易理解性
	平台设计	美观度
		使用稳定性
		界面友好性
		链接传输速度
		购物便捷性
		商品更新速度
	信息安全	支付安全
		顾客信息安全
		购物隐私安全
	售后服务	售后咨询便捷性
		反馈渠道多样性
		物流配送及时性
		商品包装无破损
		售后处理及时性
		实物与宣传一致性

2. 确定指标权重、设计调查问卷

指标体系建立之后，指标权重的具体确定就特别重要，在测评体系中，权重就是衡量指标的重要性和使用程度的值，根据客户的不同选择，指标对满意度的影响也不一样。例如，客户在对电商平台进行评价时，如果认为购物隐私安全性对自己的影响程度大于物流配送及时性，那么就表示购物时隐私的安全性所占的权重要大于物流配送的及时性所占的权重。可以请专业人士结合理论和实践，对每项指标进行评判。例如，通过预调查的方式向专业人士发放调查问卷，结合回收的结果进行调整，但由于某电商平台的客户和相关工作人员不能精准地对每一项满意度指标做出判断，其客户满意度指标体系中二级指标的确立很不容易把握，经沟通，决定采用直接赋值法对二级指标进行权重赋值，如表 3-4 所示。

表 3-4　某电商平台客户满意度指标权重表

一级指标	二级指标	权重	三级指标	权重
客户满意度指标	商品宣传	0.12	促销方式多样性	0.63
			个性化需求程度	0.26
			网站推广度	0.11
	商品信息	0.2	信息完整度	0.12
			数据真实性	0.26
			信息有用性	0.06
			内容易理解性	0.56
	平台设计	0.16	美观度	0.04
			使用稳定性	0.44
			界面友好性	0.06
			链接传输速度	0.22
			购物便捷性	0.15
			商品更新速度	0.09
	信息安全	0.28	支付安全	0.11
			顾客信息安全	0.31
			购物隐私安全	0.58
	售后服务	0.24	售后咨询便捷性	0.14
			反馈渠道多样性	0.14
			物流配送及时性	0.23
			商品包装无破损	0.08
			售后处理及时性	0.05
			实物与宣传一致性	0.36

在应用过程中，可根据专业人士的意见和实际情况对各权重的赋值进行调整。

在计算出某电商平台的 22 个三级指标所占的权重后，接下来向使用某电商平台的相关人员设计和发放关于客户满意度的调查问卷，并将调查结果与指标权重相结合进行数据分析，找出客户满意度方面存在的问题。客户满意度评价的结果是否客观、准确，在很大程度上取决于问卷设计得是否合理、科学。

3. 选择调查方法和调查对象

问卷调查是指通过填写问卷上的问题，来达到了解受访者情况的目的。在设计问题之前，首先要确定准备获取哪些信息，然后利用问卷进行准确、具体的测量，运用统计学知识对结果进行分析，得到数据。以上述电商平台为例，有以下几点：一是了解客户的需求是什么；二是计算出客户的满意度值是多少；三是通过客户评价来确定企业的优势和劣势。根据问卷调查的结果，确定问题的方向，然后使问题更加系统化、具体化，也就是把问题变成可衡量的指标，最后帮助企业找到改进的方向。

目前我们用得最多的问卷调查方法是在线问卷调查，这种方法在线上投放非常方便，调查速度也比较快，节省了问卷发放以及收集的时间，还可以实现目标用户的精准投放。我们只需要设置部分奖品以及激励方式即可完成调查，调查成本也较低。市面上有很多第三方在线调研工具可供大家使用，如问卷星、腾讯问卷调查、麦客等。（注意：问卷内容不能过多或者过于复杂，问卷调查时间不宜过长，以免引起用户的反感。）

参与问卷调查的目标人群可以是使用某电商平台的相关人员，为了使调查对象更有针对性，选择的调查人群包括省级代理商、市级代理商、一级代理商、特约代理商以及各级代理商建立的微信群里的部分客户。

4. 调查结束、数据分析

下面介绍态度数据的统计学分析方法。

（1）信度与效度检验

在数据分析前，用信度检验和效度检验提出量表中不符合要求的选项和变量，能确保调查的准确性。

信度分析是指针对回答内容，在可靠性和一致性方面进行分析，是针对同一个研究对象，用同一种方法进行反复测评时，所得结果具有一致性的一种表现程度。拟用 Crobach α 系数（克隆巴赫系数）对信度进行评估。Crobach α 系数 >0.8，则信度相对高；在 0.7~0.8，则信度相对较好；在 0.6~0.7，则信度还能接受；<0.6，则信度不好。同时也要考虑 CITC⊖ 的值，如果 CITC 值 <0.3，就可以考虑删除该项数值。将调查文件的数据输入 SPSSAU 中进行计算。通过分析可见，Crobach α 系数为 0.991，大于 0.9，得出数据信度是高的。如果删除其中一道问题，信度系数没有明显提高，那么就表示这道题不应该删除。经计算，CITC 值均超过 0.4，说明各项数据符合研究，达到研究目的。也就是说只有 CITC 值均超过 0.5 的问卷才是一份有效的问卷。

效度分析的目的是分析研究内容有没有合理性，其方法是因子分析法，通过对 KMO⊖ 值、方差⊜ 解释率值、共同度⊛ 值和因子载荷⊕ 系数值进行综合研究，达到对效度水平的进一步验证。KMO 值是做有效判断，共同度值是将不合理项进行排除，方差解释率值是解释信息提取水平，因子载荷系数值是对因子（维度）和题项之间的对应关系进行衡量。KMO 值若比 0.8 高，则效度高；在 0.7~0.8，则效度还能接受；

⊖ CITC(Corrected Item-Total Correlation, 修正的项目总相关系数），在 SPSSAU 信度分析中，选择"分析"→"度量"→"可靠性分析"→"统计量"→"如果项已删除则进行度量"→"确定"命令，"校正的项总体相关性"一栏就是 CITC 值。CITC 值一般需要大于 0.5。

⊖ KMO 检验（Kaiser-Meyer-OIkin, 抽样适合性检验）的检验统计量是用于比较变量间简单相关系数和偏相关系数的指标。主要应用于多元统计的因子分析。KMO 统计量的取值在 0 和 1 之间。当所有变量间的简单相关系数平方和远远大于偏相关系数平方和时，KMO 值越接近于 1，意味着变量间的相关性越强，原有变量越适合做因子分析；当所有变量间的简单相关系数平方和接近 0 时，KMO 值越接近于 0，意味着变量间的相关性越弱，原有变量越不适合做因子分析。

⊜ 方差是在概率论和统计方差衡量随机变量或一组数据时离散程度的度量。概率论中用方差度量随机变量其数学期望（即均值）之间的偏离程度。统计中的方差（样本方差）是每个样本值与全体样本值的平均数之差的平方值的平均数。在许多实际问题中，研究方差即偏离程度有重要意义。此处方差是衡量源数据和 APP 期望值相差的度量值。

㉃ 共同度有时也叫共同性，指每个变量在每个共同因素的负荷量的平方和。根据 Kaiser 准则，问卷中各题的平均共同度值最好在 0.70 以上，如果样本数大于 250，平均共同度值在 0.60 以上符合要求。

⊕ 因子载荷 a_{ij} 的统计意义就是第 i 个变量与第 j 个公共因子的相关系数，即表示 X_i 依赖 F_j 的分量（比重）。在统计学中称作权，在心理学中叫作载荷，即表示第 i 个变量在第 j 个公共因子上的负荷，反映了第 i 个变量在第 j 个公共因子上的相对重要性。

比 0.6 低，则效度差。将数据输入 SPSSAU 中进行计算。使用 KMO 检验和 Bartlett 检验⊖进行效度验证，得出结论为：KMO 值为 0.961，大于 0.8，表明此次问卷调研效度通过检验，是一份有效的问卷。

（2）调查结果实证分析

1）描述性分析。当问卷结果出来以后，运用 SPSS 软件分析调查结果，并且对数据结果进行描述性统计分析。主要是统计调查结果中每一个调查指标的均值和标准差，描述样本特征；分析调查指标均值高低和标准差大小的原因，为进一步分析打下基础。

运用 SPSS 软件分析某电商平台用户满意度分值描述统计表调查结果。从结果可知，用户满意度调查共回收有效问卷 153 份，电商平台买家用户的总体满意度为 71.2%，满意度最高的是"购物便捷性"。满意度最低（只有 63.1%）的是"购物隐私安全"，说明该电商平台亟待解决平台上信息安全问题，留住更多用户。"平台的售后服务"有 64.4% 的满意度，说明用户在体验平台提供的售后服务时感受较差，要优化业务流程以减少纠纷的发生，并提高处理售后纠纷的能力。标准差较小的是"交货时间"和"物流态度"，体现的是网购的共性问题，因此评分差异不大，标准差较大的是"平台的售后服务"，因为不同用户经历的售后服务不同，产生的差异感较大。用户满意度分值中"描述产品多样性"有 81.2%，这是平台与实体店相比的优势，也体现出其他电商平台所不能比的海量产品种类优势，平台应该继续吸引更多的供应商入驻。

2）回归分析。确定一个自变量，对其他变量进行回归分析，考察因变量对自变量的相关关系。比如将总体满意度作为自变量，分析其他因变量对总体满意度的影响显著性。

运用 SPSS 软件分析以总体满意度为因变量的多重变量线性回归分析结果。Sig（significance）代表显著性，如果 Sig 的数值是 0.01 ~ 0.05，说明该评价指标对因变量的贡献显著，如果 Sig 的数值小于 0.01，说明该评价指标对因变量的贡献性极其显著，如果 Sig 的数值大于 0.05，说明该评价指标对因变量的影响不显著或不相关。

⊖ Bartlett 检验（巴特利特球体检验）用于检验相关阵中各变量间的相关性，相关阵是否为单位阵，即检验各个变量是否各自独立。进行因子分析前，首先进行 KMO 检验和巴特利特球体检验。在因子分析中，若拒绝原假设，则说明可以做因子分析，若不拒绝原假设，则说明这些变量可能独立提供一些信息，不适合做因子分析。

上述电商平台的客户满意度评价指标显著性较好的排序依次是：购物便捷性、促销方式多样性、界面友好性、商品更新速度、链接传输速度、检索便捷性、网站推广度、物流包装完整性、信息完整度、信息有用性、信息易理解性、物流配送及时性、个性化需求程度，这几项指标会对总体满意度产生较大影响，具有线性相关关系，特别是"技术支持"和"平台上的产品质量"两项指标，Sig 值小于 0.01，说明"技术支持"和"平台上的产品质量"两项指标对总体满意度具有极其显著的影响。不具显著性的指标分别是：交货时间、企业知名度、物流态度、平台卖家的服务态度、平台的售后服务、平台上的产品价格，这些评价指标对总体满意度的影响关系不大。对于显著性较高的评价指标，应该将其作为提升总体用户满意度的重要指标。对于显著性较低的评价指标，应该分析其产生的原因。

在"4.3 用户研究中的数据分析方法"一节中，将详细介绍描述性分析、回归分析等具体分析方法和案例。

（3）根据四分图模型构建用户满意度提升策略模型

根据分析结果的满意度均值和指标显著性构建用户满意度提升策略模型，确定重点提升策略。根据满意度评分和显著性的高低，可以构建某电商平台客户满意度提升策略的模型。以 0.05 为标准划分显著性高低区域，以 7 分为标准划分满意度高低区域，可以得到以下某电商平台客户满意度提升策略选项，如图 3-22 所示。

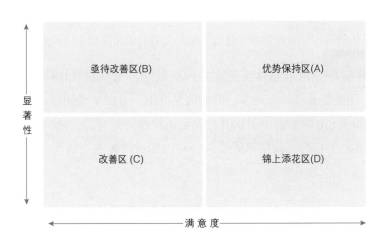

图 3-22　用户满意度提升策略模型

- A区（优势保持区）：促销方式多样性、界面友好性、商品更新速度、链接传输速度；

- B区（亟待改善区）：购物隐私安全、顾客信息安全、实物与宣传一致性；

- C区（改善区）：反馈渠道多样性、售后处理及时性、售后咨询便捷性、数据真实性、支付安全、个性化需求程度、物流配送及时性、内容易理解性、信息有用性；

- D区（锦上添花区）：购物便捷性。

5. 制定优化策略、提升迭代

（1）用鱼骨图分析问题

鱼骨图是一种发现问题的分析方法，先列出主要的问题点，再对每一个类别头脑风暴，罗列出所有可能的影响因素。结合前文的分析，通过与某电商平台的买家用户沟通，对亟待改善区（B区）的平台上的信息安全、平台设计、平台的售后服务、商品信息等进行了多层次分析，得到了如图 3-23 所示的影响因素鱼骨图。

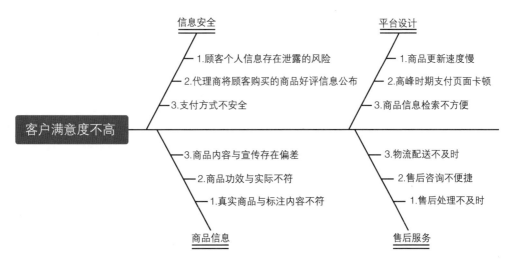

图 3-23　某电商平台客户满意度影响因素的鱼骨图分析

综合客户满意度的鱼骨图分析，可以总结出该电商平台客户满意度存在的主要问题。根据问卷调查结果显示，调查结果中三级指标的"支付安全""数据真实性""售后咨询便捷性""售后处理及时性""反馈渠道多样性""实物与宣传一致性""顾客信息安全""购物隐私安全"的客户满意度低于 4 分。根据李克特量表⊖，低于 4 分说明客户在这些方面的体验感受为不太满意。对于权重较大的三级指标，如"购物隐私安全""内容易理解性""顾客信息安全"等，客户满意度的均值离 5 分（很满意）还差很远，说明这些三级指标还有很大的提升空间。

例如，在**信息安全**方面，①顾客个人信息存在泄露的风险，在填写购买信息时，需要填写顾客的收件人信息，包括收款人、地址、电话等，如果是购买境外商品，还需要填写顾客的真实姓名和身份证号码；②代理商在销售商品时，会将顾客的好评截图发到微信群或朋友圈，公布谁买了什么商品，并进行好评反馈，顾客信息有泄露的风险；③支付方式不安全，有的厂家或代理商获取顾客信息以后，会让顾客添加微信，在朋友圈选货，选好货以后让顾客在微信上进行支付，由于没有第三方平台作为监督，当厂家或代理商的收款信息出现异常时，顾客无法保证付款金额的交易安全，这将导致支付安全性的降低。在**商品信息**方面，商品与宣传内容存在偏差，比如真实商品与标注内容不符、商品功效与实际不符。在**售后服务**方面，①售后处理不及时，当顾客反映问题时，商家不能 24 小时在线回复顾客的问题。有些商家通常利用业余时间与顾客沟通，了解顾客的需求，导致信息处理不及时；②售后咨询不便捷，比如顾客对咨询商品的细节不了解，顾客购买商品后，有时会出现商品损坏、与企业宣传商品不一致或商品尺寸不合适等情况，因此需要进行售后处理。但是，顾客的反馈渠道只有平台客服窗口和代理商。如果代理商暂时有事，就无法及时进行反馈。另外，当顾客和代理商之间的认知有冲突时，如果代理商不愿意解决顾客的诉求，顾客就没有其他途径进行反馈了；③物流配送不及时，电商平台采取厂家直接发货的形式销售商品，物流配送一般由发货的工厂进行沟通，因此，工厂不会注重物流配送速度，而是选择低价的物流公司合作，导致物流配送不及时。该电商平台在销售商品过程中不实际接触商品，无法判断发货工厂当天是否可以进行商品的邮寄，对商品邮寄时间没有自主权，因此在销售商品时，一般只能承诺顾客 3 天之内进行邮寄。在**平台设计**方面，商品信息检索不方便，商品卖点信息少，找货挑货效率低，决策参考少，新品找

⊖ 李克特量表由一组包含非常同意、同意、不一定、不同意、非常不同意五种回答的陈述组成，每种回答分别对应记为 5、4、3、2、1 分。被调查者对各道问题的回答总分表明其态度强弱或其在这一量表上的不同状态。

不到，新品更新慢等。

（2）优先级分析

通过满意度调查找出电商平台客户满意度存在的问题，分析了问题产生的具体原因，接下来就要针对这些问题提出提升满意度的对策。然后根据因素的影响程度来确定优化方案的优先级，我将在"7.1　评估设计方案 ROI，确认需求优先级"一节中详细介绍。

在这一章中，我们了解了设计师要掌握的数据分析思维与能力，学会了使用数据分析方法和工具。接下来我要介绍如何进行用户需求分析，通过定性、定量的研究挖掘用户的痛点，梳理用户目标，以帮助我们得到更有针对性的解决方案。

第 4 章　通过用户研究确认问题

第 3 章介绍了利用数据做洞察，确定目标和指标。本章将介绍如何通过用户调研、用户体验地图、服务蓝图、增长体验地图找到和梳理用户痛点，聚焦设计机会点。

4.1　如何分析用户目标

前面我们梳理了如何设立和分析业务目标，要达成业务目标，我们应该先从业务视角转变成用户视角，即对业务目标进行用户意愿层面的分析。业务目标通常是站在商业、公司的角度来考虑，作为设计师，我们要以用户视角去思考和分析，要了解目标用户，挖掘用户真实的、潜在的诉求，分析用户目标，进而达成业务诉求中所提到的"给目标用户带来核心价值"。

以某理财 APP 的基金频道为例，其业务视角是希望有更多的用户来平台进行首投和复投，那么相应的用户视角就是用户基于何种动机来平台进行投资理财，在投资前有哪些担忧？用户愿不愿意使用？只有更多的用户愿意使用，我们的业务目标才能达成。影响用户目标的关键因素就是用户的动机和担忧。例如，用户目标是快速完成表单填写，在进行用户行为分析时就需要了解用户在表单填写过程中会遇到哪些阻碍。

用户需求 = 目标用户的特征 + 经验 + 场景 + 行为 + 体验目标

谁在什么时候有什么样的行为，想要达到什么目标。好的设计方案一定能解决用户的某个问题，所以我们需要对目标用户的特征、经验、场景、行为、体验目标进行分析，才能做出好的设计。用户需求来源于用户研究，用户需求分析过程比较复杂，洞察用户的需求不仅要求设计师具有同理心，还需要设计师具备科学的用户研究技能和方法。分析用户需求主要有以下两步：①明确目标用户，梳理用户场景与行为；②通过用户研究，挖掘用户诉求。

4.1.1 明确目标用户，梳理用户场景与行为

1. 了解目标用户、锁定用户群体

我们要通过用户群体数据和问卷调研数据（包括用户画像）来确定用户模型，基于数据锁定主要的用户群体，此处我们沿用 3.2 节某理财 APP 的例子。

该理财 APP 的基金频道上的用户主要为小白 / 进阶投资者，高手 / 基金爱好者。小白 / 进阶投资者以女性为主，她们大多较感性，因此对"满屏数据"无从下手；高手 / 基金爱好者的经验多，选择基金时对比的信息多，因此做买卖重大决策时需要大量数据分析做参考。当我们进行 APP 首页改版时，既要满足小白 / 进阶投资者的需求，又要考虑高手 / 基金爱好者的使用习惯。

2. 通过用户行为路径梳理用户使用场景

明确了目标用户后，接下来我们需要发挥共情能力，代入用户视角走查产品，通过场景故事洞见用户诉求。场景故事能够帮助我们站在用户的视角，让我们投身到具体情境中去观察、体会和分析目标用户。

场景故事一般用来描述目标用户的特征、任务或情境（where/when）、用户预期的结果或任务目标、步骤和任务流信息等。场景设计的作用主要分为两类：一是挖掘需求，挖掘用户使用目的及动机；二是研究需求，在已有需求上深入研究和优化。常用的表达方式有用户角色模型、故事板等。

在分析使用场景前，先以产品设计者视角梳理出产品目前的**用户行为路径**，了解每个动作节点存在的必要性，以及操作体验是否合理。它需要我们对操作流程进行拆解，将一个流程拆解成几个阶段，再将阶段拆解成具体的操作节点。比如，我们可以梳理找出复杂节点，降低用户操作成本。将用户不同阶段的操作节点梳理出来，方便后期在用户调研中将用户反馈数据对应到相应的节点中，以便定位问题。

以某理财 APP 的基金频道为例，我们根据用户"带着需求来"（我要购买基金理财产品）到"完成目标"（赚到钱赎回基金产品）走的核心场景路径，梳理出粗颗粒度的故事场景为：选基金—购买基金—赎回基金这三个阶段。在选基金和购买基金阶段，首次投资流程是：登录或注册—投资前准备（实名认证—设置交易密码—绑定

银行卡）—选择基金—投资基金—点击投资—风险评估—填写投资金额—提交订单付款—买到基金了。

4.1.2　通过用户研究，挖掘用户诉求

根据我们锁定的目标用户，梳理用户行为路径，可以通过用户访谈、问卷调研、用户反馈、产品走查等方法收集用户反馈、发现体验问题，挖掘用户痛点和需求，并对应到路径中。在获取到的大量真实可靠的原材料中，了解足够多的用户使用产品过程中的行为、体验、感受和想法。

比如可通过 CRM（客户关系管理）系统中客户反馈、客服部的反馈、APP 应用市场的用户反馈发现问题。如果是体验问题，还需要再还原一下场景，以确认问题是否真实存在。同时，将问题归类到用户行为路径的节点中，可以判断哪个节点问题最多、最严重。设计师也可以不定时地对线上流程和页面进行走查，例如，安卓、iOS端视觉交互样式排查，通过尼尔森十大交互设计原则 走查出问题。像我们在走查中经常会发现控件样式各异、下单流程各异、页面过长、体验不统一等问题。

在用户研究中，使用生成式人工智能（Generative AI）工具可以提升内容表达质量，如修改问卷题目和报告内容中的错误，这点值得注意。它可以帮助研究人员从访谈记录和问卷数据中提取关键信息，并根据研究人员的诉求提出方案设计、问卷大纲等建议，以提高研究人员分析数据和撰写访谈提纲或问卷的效率。帮助研究人员拥有丰富的原材料进行更深入的洞察及更有效地分析数据。生成式人工智能工具有潜力作为主持人执行访谈，或者扮演典型用户接受访谈。

4.2　用户研究方法

用户研究方法包括问卷调查法、观察法、访谈法、焦点小组法、人物画像法、实

○ 尼尔森十大交互设计原则由毕业于哥本哈根的人机交互学博士雅各布·尼尔森（Jakob Nielsen）提出，用来评价用户体验的好坏，每个产品设计者都可以根据这十大原则进行自查。十大原则包括：状态可见原则、环境贴切原则、用户可控原则、一致性原则、防错原则、易取原则、灵活高效原则、优美且简约原则、容错原则、人性化帮助原则。

验法等。我们要通过用户研究了解用户特征、用户需求、使用场景、用户任务等，如对用户角色目标的研究，可以选择定性的研究方法，如访谈法、焦点小组法等；对用户行为模式的研究，可以选择定性研究方法中的观察法、任务分析法、卡片分类法等或者定量研究方法中的可用性测试法、生理测量法、眼动测试法等。

用户研究通常是指用户体验研究或者可用性研究。在不同的阶段，用户研究的价值各不相同：在你还不知道该如何优化功能的时候，用户研究可帮你发现新的机会；在你对设计的产品有些想法的时候，用户研究可帮你优化想法；在产品面世的时候，用户研究可帮你找出问题，并推出新的服务；在你发现了一些产品问题，但不知道是否有遗漏的时候，用户研究可帮助你发现设计盲点。

前面我们介绍了用户行为数据，通过用户行为数据分析可以帮助我们定位问题和流程关键节点，但无法深入了解用户做出某种行为的具体原因和场景。比如，通过用户行为数据分析，我们只能知道在某个时间点 APP 活跃度下降，某个页面跳出率增加，某个界面点 "返回" 按钮的占比较高，或者转化漏斗中某个步骤流失较多，却无法了解用户这样做的实际原因和场景。再比如，我们想了解用户有哪些新的需求和痛点，用户对某个功能的满意度如何及满意度低的原因，对即将上线的新功能用户的反馈如何，而这个时候，使用问卷法或访谈法等用户研究方法就可以起到重要的作用。可以通过用户访谈及在进行用户访谈时进行可用性测试，观察用户的使用情况以获得洞察。

总之，用户研究帮你寻找设计的机会点，助你做产品规划。在实际项目中，我们通过用户研究从用户行为和态度两方面来了解用户的诉求、发现问题，表 4-1 展示了我们常用的用户研究方法。

表 4-1　用户研究常用方法差异对比

方法	行为与态度	研究及参与者角色	定性与定量	实验室与情景	程式化与总结性	样本量
问卷调查	均可	自主报告	定量	均可	程式化	大
访谈	态度	自主报告	定性	均可	程式化	小或中
卡片分类	行为	观察	定量	实验室	程式化	小
焦点小组	态度	自主报告	定性	实验室	程式化	中等

（续）

方法	行为与态度	研究及参与者角色	定性与定量	实验室与情景	程式化与总结性	样本量
田野研究	均可	观察	均可	情景	程式化	中等
可用性测试	行为	观察或专家评估	定性	均可	均可	小或中
A/B 测试	行为	自主报告	定量	情景	总结性	大
眼动测试	行为	观察	定性	实验室	总结性	小或中

下面对其中较常用的问卷调查、访谈法做详细介绍。

4.2.1 问卷调查

问卷调查是非常高效的收集数据的方法，属于定量调研方法中的一种，比较适合研究用户的认知和态度，也可以用于了解用户的行为和习惯。询问用户态度的问题包括用户对某种产品或者操作的了解和接受程度、产品满意度、使用意愿等。询问用户行为相关的问题则包括用户对产品的使用频率、使用时长等。它适用于产品需求挖掘阶段也适用于产品上线评估阶段，无论是为全新的产品还是为产品的新版本进行市场调研，它都是很好的工具。

1. 明确问卷调查的目的

对于新产品，进行问卷调查的目的包括建立用户角色、确定目标用户、分析竞品（如竞品的用户满意度、存在问题、优劣势）、了解主要使用场景、确定产品能满足的痛点和需求、确定用户当前的任务完成模式、调查用户认知和行为、确定产品视觉风格、了解产品可用性和满意度、了解手机用户反馈、研究用户流失等。对于已有产品，主要是了解目前用户群体的特征、追踪用户的情感演变过程，找出用户喜欢 / 不喜欢的功能、了解用户的产品使用方式。问卷调查也可以对已有假设进行检验，寻找问题隐藏的关联。

2. 选定调研对象

调研对象的确定需要根据调研目的来设置。要明确调研的产品是在哪个端口被用户使用，它的用户类型有哪些。比如，是在改版之前的老用户，还是在改版之后的新用户。确认调研对象的比例，一般会根据调研对象实际的分布情况设定。

比如，我们想要评估几次改版之后用户的满意度或者忠诚度是否有变化，要在每一个版本的前后做评估，这样就可以做版本满意度或者忠诚度的对比，对比 1.0、1.5 版本或者 2.0 版本的用户满意度或者忠诚度的数据。

我们还想对比哪个端口的用户的忠诚度有什么样的差别，这个时候调研对象可能就要覆盖不同的端口，比如 Web 端口或者手机端口或者平板电脑端口都是调研对象。

有些时候我们可能要对比不同竞品的用户忠诚度的情况，此时调研对象可能包括使用不同竞品的用户。

3. 设计问卷调研的方案及投放

在设计问卷调研的方案时，一般我们先通过收集资料的方式了解这次调研相关的信息，包括前期的定性研究报告，或者做一些定性的访谈，再收集这些数据，用于编制问卷。注意问卷的信度和效度的影响因素。

标准的问卷结构包括标题和指导语、用户信息、具体问题、结束语。内容要包含业务方的关注点和用户的关注点，要有甄别性问题、变量问题、建议性问题、综合满意度问题以及开放性问答。有些研究分析已经存在成熟的量表，如李克特量表、顺序量表、系统可用性量表（SUS）等，可以直接参考使用。

通常我们使用问卷星等网上调研软件进行投放，入口可以设置在用户体验后的环节，比如某电商平台在首页推荐信息流中加入一个满意度调查入口，某旅游产品预订平台在订单详情页中加入 NPS（净推荐值）调查入口等。我们可以通过 APP 推送、短信、邮件等形式触达用户，此外，还要考虑问卷投放渠道回收率或者投放这个渠道需要的投放量以及在这个渠道上的问卷要保留多长时间，这些需考虑的事项都可通过以往的投放经验估计。通常问卷回收 1 000 份以上，相对来说结果比较可靠。

4. 数据分析与调研报告

我们回收问卷后，对数据进行统计分析，并需要通过 SPSS、Amos 等软件来处理数据。根据数据处理结果整理分析报告，分析报告要包含调研目的、调研提纲、过程及结论。图 4-1 显示了《首投用户调研报告》的调研目的是发现移动端新客首投 NPS 略微下降后，了解新客对投资流程的满意度，调研首投流程的用户操作习惯与偏向，探究首投流失率高的原因。

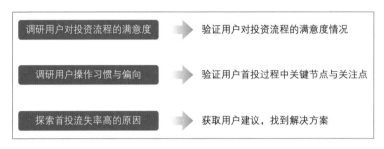

图 4-1 《首投用户调研报告》的调研目的

根据调研目的，拟出调研提纲，如表 4-2 所示。其中题目 1～3 对应第 1 个目的，题目 4～8 对应第 2 个目的，题目 9 对应第 3 个目的。

表 4-2 《首投用户调研报告》的调研提纲

序号	问题	选项
1	您对投资流程的总体感受是？	非常满意 / 比较满意 / 一般 / 比较不满意 / 非常不满意
2	针对投资前流程，您认为哪个环节最需要提升？	实名认证 / 交易密码设置 / 安保问题设置 / 银行卡认证 / 都不需要
3	请回忆一下银行卡认证的整体操作，您感觉如何？	满意 / 不满意
4	请问您选择本平台进行本次投资的原因是什么？	投资产品风险小 / 平台操作方便 / 产品回报率有优势 / 促销活动吸引人 / 平台良好的口碑 / 家人、朋友介绍推荐 / 其他
5	请问您从哪个渠道知晓本平台？	广播、电视、报刊 / 互联网广告 / 搜索引擎推荐 / 公交、地铁、电梯等广告 / 朋友推荐 / 业务员推荐 / 其他
6	您还在哪些互联网平台进行投资？	京东小金库 / 度小满 / 支付宝 / 腾讯理财通 / 其他
7	您是否有投资以下类型产品？	银行定存 / 银行理财产品 / 股票型基金 / 股票 / 信托
8	您具有多少年投资经验？	不到半年 / 半年到 1 年 /1～3 年 /3～5 年 /5～10 年
9	您对"投资流程"还有哪些问题和建议？	

本次问卷调查总共发了 1 500 份问卷，回收率 80%，拿到了 1 200 份。根据统计结果，我们最终得出的重点问卷结论如图 4-2 所示。

把这些痛点、满意点，包括用户实际接触的界面或功能模块都归纳记录下来，方便后续对这些痛点进行优化改进。

> **32%的用户对投资流程非常满意，52%比较满意，16%一般/不满意**

具有1~3年投资理财经验的用户最多，占比27%，有23%的用户投资理财经验不足半年。

> **需要提升环节顺序：实名认证>安保问题设置>银行卡认证>交易密码设置**

实名认证：安全、易用性仍然是实名认证的障碍;安保问题设置：问题数量和设置需要改进;新用户注册：用户名设置仍然体验不佳;交易密码设置：密码设置规则还需改进。

> **银行卡认证环节是新用户在首投流程中遇到的关键障碍点**

首投体验关键障碍点—银行卡认证的问题主要有：银行卡认证规则限制大、用手机网银转账无法复制账号，必须切换界面来手工输入、只能绑定一张银行卡、不能更换银行卡、支持的银行卡少、操作不便、操作错误后修改麻烦、安全问题。

> **用户需要的功能**

增加投资时间段、回报相对丰富的短期理财产品，增加产品种类，加入股票基金，增强支付环节的安全性，增加在线客服及时沟通、在确认投资时增加短信确认通知，平台虚拟货币的使用范围可以更广泛，对各理财产品做数字形式的风险评估，方便用户选择等。

图 4-2　《首投用户调研报告》的调研结论

详细的问卷数据分析方法，可以参考《问卷数据分析：破解 SPSS 软件的六类分析思路》一书[一]。

4.2.2　用户访谈

访谈是一种定性的研究方法，用户访谈是从用户那里获取信息优化用户体验，是测试可用性和激发灵感的好方法。它简单且易于执行，任何提出问题并记录答案的人都可以轻松进行。通过它深入探索被访者的内心与想法，容易达到访谈的效果，并发现一些问题和优化方向，因此也是比较常用的用研方法。用户访谈一般在被访者较少的情况下使用，常与问卷调查、可用性测试、A/B 测试、眼动测试、产品体验会等方法结合使用，一般访谈的数据主要用于探索性的研究。

根据不同的研究目标，访谈可以分为结构式、半结构式和开放式。

1）结构式：收集的是定量数据，便于进行数据分析，参与者的回答具有统一性，可以设置更多的问题。但是对于某些结果无法深入了解，因为参与者没有机会解释缘由，访谈员抛出事先准备好的问题让被访者回答。

㊀　周俊 . 问卷数据分析：破解 SPSS 软件的六类分析思路 [M]. 2 版 . 北京：电子工业出版社，2020.

2）半结构式：可以同时获得定性和定量数据，参与者有更多表达意见和描述细节的机会，是结构式访谈和开放式访谈的两种形式的结合，也涵盖了固定式和开放式的问题。

3）开放式：访谈员和被访者就某个主题展开深入讨论。由于回答的内容是不固定的，可获得丰富的数据，对所有问题进行细致追问，充分挖掘信息，对答案没有预期时比较适用，但是所得数据难以分析。

1. 明确研究目的和主题

研究方案中要包含利益相关者认可的所有目标，假设新功能刚上线，想了解用户在使用过程中有没有遇到什么问题，是否符合他们的使用习惯，那么在对用户的访谈中，就需要询问他们的使用流程：怎么发现入口、如何使用，还有没有更好的展示方式等。交互设计师与产品经理沟通需求时也类似于做访谈工作。交互设计师接到模糊需求时，先对需求方做一次访谈，明确他们的目的、背景、想解决什么问题，接下来才能动手设计解决方案。

在明确研究目的的同时，还要明确主题。访谈员和观察员要尽快熟悉相关知识、对应的产品、访谈剧本，因为用户一般都对该主题或者产品有一定了解，如果组织人员不熟悉这些内容，就会直接影响访谈的质量和进度。

2. 设计访谈提纲

明确访谈目的后，就要基于目的与被访者拟定访谈清单。在设计清单前，先问自己如下问题：

1）我问这个问题的目的是什么？
2）能去掉这个问题吗？
3）用户能不能舒服地回答这个问题？
（注意：所有问题必须要指向设计改进的价值。）

你可能会问，假设这个访谈提纲只能覆盖90%的访谈内容，那么剩下10%的内容怎么办？也许遗漏的内容里面才有真正的痛点。其实，真正执行过访谈的人都知道，访谈提纲一开始很难做到100%全面覆盖，需要在实践中逐步完善，通过与用户进行交流，把新发现的点子补充进去，很快访谈提纲就能得到完善。

3. 招募访谈对象

并不是每个团队都有充足的时间和资源准备访谈、邀约用户，但我们每个人都是产品的用户，一般的功能迭代完全可以优先考虑身边符合用户画像的同事，这样邀约和沟通的成本相对较小，适合进行敏捷用户研究；也可以从种子用户中征集和邀约，种子用户本身就是产品的第一批使用对象，邀请他们做访谈对优化产品和推广有一定的帮助。

要注意的是，筛选访谈对象要注意平衡，避免同一类型的对象占了过多比例，导致访谈结果不全面。我们需要根据不同的用户角色模型筛选访谈对象。以某视频社交 APP 的功能优化访谈为例，要避免访谈对象大部分是已婚、"80 后"的情况，因为已婚用户不是目标用户，"80 后"用户的需求频率也不高。很显然，"90 后"/"95 后"/"00 后"、大学生 / 刚进入职场的单身人士才是我们的目标用户，那么就根据这类人群的角色模型来筛选邀约对象。如果之前没有用户角色模型作为基准，也可以先做用户访谈，后期对完善角色模型也有帮助，两者互不干涉。

要提前和访谈对象约定合适的时间和地点，为了保证访谈效果，尽量约在访谈对象比较空闲或轻松的时间段。有时考虑产品保密的情况，可以采取邀请公司内部成员体验的方法，这也是比较敏捷的方法，可以快速得到产品设计中的一些问题和用户建议。

4. 数据分析与调研报告

如果是结构式或半结构式访谈，首先应该处理的是封闭式的答案，比如统计选择题每个选项的选择人数或计算李克特量表的平均分。如果是非结构化数据，可以通过分类计算、亲和图和定性内容 / 主题分析来进行数据分析。

例如，某理财 APP 的基金频道要改版，其用户访谈的研究背景及目的是：了解具有不同特征的投资理财客群对基金产品的态度、需求和期待，探索基金频道的客户的选择考虑因素、使用情况及评价，了解不同类别客群对基金平台在功能方面的使用行为、需求、关注程度及意见反馈，为改版给予反馈及建议。

访谈结论如下：通过做用户访谈发现，无论是小白还是高手用户在基金频道遇到的最关键的问题是缺少做购买基金决策的依据，如图 4-3 所示。

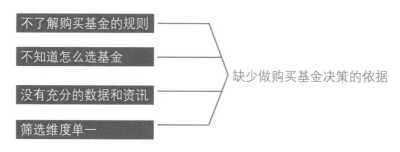

图 4-3　访谈调研结论

写访谈报告、数据分析、调研报告的撰写等事项与 4.2.1 小节大同小异，此处不展开介绍了。

4.2.3　用户体验地图

用户体验地图（User Experience Map）展示的是用户在使用一款产品和服务的过程中每个阶段的体验，包括行为、感受（痛点和满意点）、思考／想法。用户体验地图的价值在于信息整理与可视化，它提供了一个用户体验的整体视角，让产品的设计参与者、决策者对用户的体验有更为直观的印象，方便观察产品的优势与缺陷，便于我们站在用户维度思考体验优化。它是提升用户体验的重要工具，以便更好地协作沟通。在产品设计中，我们可以通过用户体验路径将不同阶段、不同渠道、不同接触点的用户在使用前、使用中、使用后的各个接触点罗列出来，确保设计方案能够形成闭环。

如何构建用户体验地图？在准备阶段，产品的访谈、问卷积累，后台数据、用户反馈，以及产品本身策略、核心目标群体资料、核心亮点等都可以成为用户体验地图的素材。在制作过程中，我们需要整理来自多渠道的用户反馈，并结合产品走查与改版访谈等调研中发现的问题，有针对性地搜集用户使用过程中的具体问题，了解用户在日常使用中的体验感受。

我们还要注意区分用户角色[⊖]，与区分目标用户不同的是区分用户角色需要我们

⊖　用户角色是根据用户调研创建的虚拟人物，用来表现你所设计的产品的不同用户类型，帮助设计师了解用户的需求、经验、行为和目标，根据真实用户的数据综合而成，使得设计任务集中于人而不是虚拟的产品或者解决方案。

对场景的理解和认识更加深刻，懂得细分场景涉及的相关角色，甚至可以让一份用户体验地图对应一个用户角色。

1. 制作用户体验地图的步骤

1）拆解用户行为：主要的难点在于我们要学会拆解操作步骤的颗粒度，而颗粒度的选择取决于我们的用户体验地图的场景是大还是小，大场景的颗粒度较粗，小场景的颗粒度更细一些。

2）绘制情绪曲线：我们要通过拆解用户行为，来梳理用户行为、用户想法以及用户情绪之间的对应关系，找到用户情绪的低点、中点和高点，为下一步做打算。用户的情绪主要指满意度的五个指标：很不满意（指征为愤慨、恼怒、投诉、反宣传）、不满意（指征为气愤、烦恼）、不太满意（指征为抱怨、遗憾）、一般（指征为无明显正、负情绪）、较满意（指征为好感、肯定、赞许）。

3）洞察关键机会、痛点、机会点：利用情绪曲线，找到情绪低点，作为产品优化的切入点。通过优化将用户的情绪低点提高，还可以从中间的情绪点入手，将中间的情绪点提升到高点。把握体验设计的三个黄金时刻，即用户的初使印象（初值）、体验最满意的时刻（峰值）、结束前最后的印象（终值），给用户创造无与伦比的体验，提升品牌印象，创造良好的口碑，以提升 GMV 与复购。

例如，某订票 APP 针对购票流程（核心功能）想提升交互的易用性和用户体验，图 4-4 展示了实现这一目的的用户体验地图。

用户体验地图是产品用户增长的策略工具之一，绘制完成后，根据用户体验地图，针对用户体验情绪曲线与机会点探索解决方案。把所有问题点按照用户情绪的低（解决痛点）、高（放大"爽点"）、中（思考分析）这三种分类方法，分别探索优化。首先解决用户情绪最焦虑的痛点问题；其次思考是否能把情绪高点继续优化到极致，让用户更愉悦；最后对用户情绪平缓的地方，进行研究分析，继续思考优化空间。

2. 根据用户体验地图优化

绘制好用户体验地图后，还有以下两项重要的工作要做：

1）优化机会点：展开头脑风暴，讨论是否有最佳方案来满足用户的目标，提升用户满意度、优化体验；

2）安排后续工作：按照情绪曲线、机会点价值大小，梳理优先级，安排后续工作，探索优化方案。

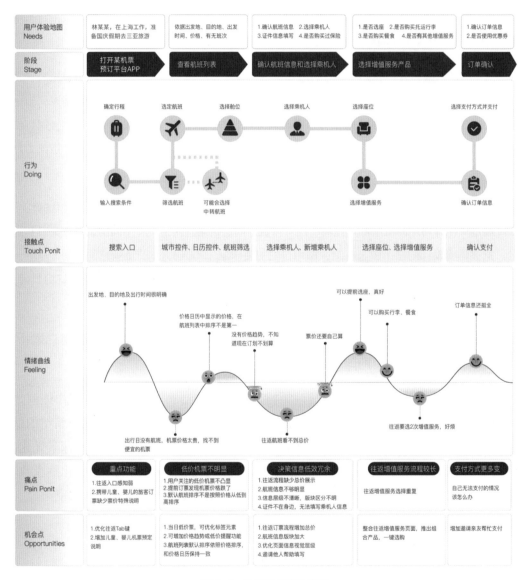

图 4-4　绘制用户体验地图

4.2.4　服务蓝图

服务蓝图是一种可视化描述服务实施全过程的服务设计工具，可以按时间节点、多层面呈现各服务要素间的协调活动及相互关系，将用户的需求和体验期望以模型化的服务体现出来，关注用户在全服务流程各方面获得的服务质量，从而发现服务问题发生的具体环节，采取有针对性的措施来完善，其本质是为了提升服务的效率，保证服务的质量，从而提升用户体验，如省时效率、感官体验和情感体验等。借助服务蓝图，将用户体验感知缺失点对应到相关系统中，便于体验后提出优化建议和反馈后促进改进，以确保用户能够在过程中获得更加良好的服务体验。同时有利于帮助管理者具体诊断服务过程中的薄弱环节，以点带面地优化完善服务操作程序、标准规范和岗位指责，改善服务质量。

服务蓝图主要由四种行为（用户行为、前台行为、后台行为、系统支持）、三条分界线（交互、可视、内部交互分界线）、连接行为的流向线和设置在用户行为上方的有形展示等构建而成。

以旅客航空出行为例，如图 4-5 所示，第一部分是有形展示，主要内容为某订票平台自营渠道 APP、官网、小程序、自助值机设备、机场值机柜台、自助行李托运设备、智能导航设备、工作人员、登机牌及机场导识系统等；第二部分是用户行为，描述用户从进入服务系统到离开的一系列步骤及所表现的一系列行为，将用户行为置于首行，表现了服务蓝图以用户为中心的理念，包括行前、行中和行后的全部旅程，具体为预订机票、出发前、到达机场、值机、候机、登机、飞行中、到达、评价；第三部分是前台行为，即直接与用户接触、服务于用户的前台员工行为，是用户能够直接感受到且看得见的部分；第四部分是后台行为，即用户看不见的、不与用户发生直接接触的支持前台活动的后台员工行为；第五部分是系统支持，主要是企业内外部各类资源的整合，是对企业员工行为的支持系统，是指传递服务过程中，组织内部给前、后台员工的支持性工作，是对实现前面四个部分功能的有力保障。隔开这四种行为的三条分界线依次是：交互分界线，表示用户与企业之间的直接作用；可视分界线，将用户看得见的服务活动与看不见的分隔开；内部交互分界线，将服务人员的活动与服务支持活动分隔开。

前期需要梳理和识别服务接触点，服务接触点是全渠道的，因此服务蓝图的设计可以是纯线下或者纯线上的，也可以是两者跨越或融合的。

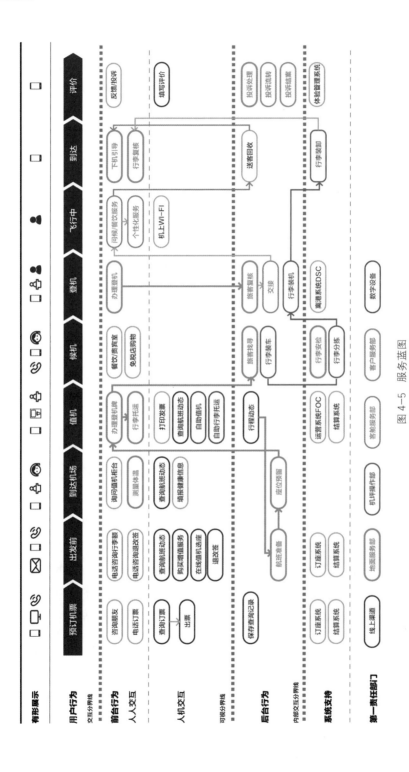

图 4-5 服务蓝图

　　分析服务接触点的特征与内容，通过用户满意度调查等工具，发现用户对于这些接触点的关注程度和满意度情况。根据调研结论，在服务蓝图中识别和标注服务关键点，包括失败点、等待点、决策点、体验点、多余点，从而寻找改善服务质量的机会，对这些关键点进行分析与优化。有些优化建议不仅涉及用户接触点的改进，还涉及与其相关的非可视的后台员工行为和全渠道支持系统。

　　服务蓝图是服务设计和改进的有效工具，应用于前者时要考虑用户需求和自身竞争优势，应用于后者时要找出用户关注且不满意的接触点，也就是用户的痛点，然后将其变成用户的"爽"点，改进方法是提出针对性、系统性的改进建议。某旅客航空出行值机候机服务流程优化的服务蓝图，如图 4-6 所示。

　　失败点是指直接导致用户产生负面评价和消极口碑的因素，此类因素的存在一定会让用户产生不满意情绪，消除此类因素就会消除用户的不满意情绪。失败点的内涵类似于双因素理论中的保健因素（容易产生意见和消极行为的因素），此类因素不达标就必定影响服务质量。例如，F1—机票预订平台提供的航班动态信息准确率低、航班状态更新不及时；F2—标志信息层级不突出，可见性低且利用率低，旅客值机需要在航站楼反复寻找；F3—自助值机设备友情提示信息及特殊信息传递不到位，在业务办理或等待时间不予提供，增加了人工服务的工作量；旅客看不懂登机牌，关键信息不突出，背面被大量广告占用；F4—人工值机柜台行李称重和测量后，被告知行李不符合可带上飞机的要求，需要办理付费托运，行李托运时摆放样式经常需要二次操作；F5—智能导航设备准确率低、可用性差，交互效果易读性差；F6—公共设施有设计缺陷得不到充分利用，公共休息区霸占现象十分常见；非主要业务柜台管理松散且设计不合理；安检出口方向有较大闲置空间却依旧有拥挤现象等。

　　等待点是指容易导致用户延时接受服务和增加用户等待时间的因素。例如，W1—在防爆检查前排队等待放行；W2—在值机柜台或票台等待人工办理业务；W3—打印行程单时排队等候；W4—在安检口等待安检；W5—在候机厅等待登机。

　　决策点是指在特定的时间和环节需要员工做出适宜的判断和选择。员工的决策能力和决策质量会直接影响用户的积极情绪与满意度，对决策点的把握也是提升服务质量的重要途径。我们梳理出 D1 ~ D7 总共 7 个员工与旅客直接接触的接触点。

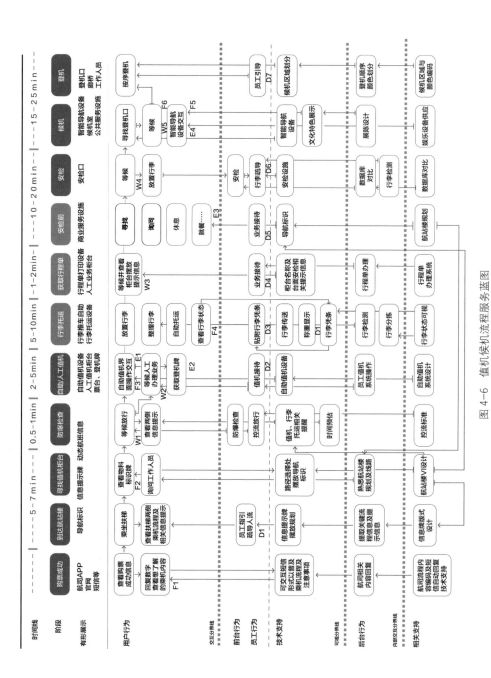

图 4-6 值机候机流程服务蓝图

注：F 表示失败点，F1 即为失败点 1，失败点共有 6 个；W 表示等待点，W1 即为等待点 1，等待点共有 5 个；
D 表示决策点，D1 即为决策点 1，决策点共有 7 个；E 表示体验点，E1 即为体验点 1，体验点共有 4 个。

体验点是指能够带给用户惊喜和兴奋的服务内容，会直接影响用户对服务质量的正面评价和积极口碑。体验点的内涵类似于双因素理论中的激励因素（使人得到满足和激励的因素），服务传递过程中如果存在此类因素，一定会提升用户的满意度。体验点与失败点具有一定的相似性，均是影响用户满意度的服务关键点，但失败点是影响服务质量的基础性因素，消除此类因素就会消除负面评价，但体验点的持续满足不会产生持久的积极评价。

通过分析关键点能够洞察影响服务失败的潜在因素，同时也能找到提升服务质量的机会点以制定优化策略。关键点分析主要通过剖析服务接触点实现，实质上是透视服务接触点的内容与特征，服务接触点的特征决定了关键点的分析角度。

4.2.5　增长体验地图

增长体验地图（又称增长地图）是以北极星指标为关键指标，以 AARRR 模型为基础的整个增长链条的提升战略地图，包含了获客、激活、留存、变现、传播五个部分，通过用户洞察在各个环节找到设计机会点制定设计策略，并且分析其影响因素，制定可以衡量的体验指标。增长体验地图纵向包括北极星指标、增长模型、阶段、用户行为路径、设计策略、影响因素、衡量指标这七个部分。

下面将以 AARRR 模型为线索梳理增长体验地图，如图 4-7 所示。

关于增长模型的内容已在"2.3.1　从指标出发，基于增长模型中的弱势环节，定位问题"小节介绍过，此处不再赘述。

4.2.6　用户体验地图、服务蓝图、增长体验地图的异同

用户体验地图、服务蓝图和增长体验地图这三个可视化地图的相同点在于三者均是按照时间维度，通过将利益相关者的信息可视化来提升服务品质；不同点在于用户体验地图主要研究用户及其个体体验的可视化，服务蓝图主要研究利益相关者及其服务系统的可视化；增长体验地图主要研究围绕北极星指标的 AARRR 模型各环节的产品优化方法的可视化。这三者的相关性在于三个可视化地图的研究对象由少到多，研究范围由小到大，研究价值由个体体验上升到整体系统优化。

增长体验地图模板									
北极星指标	线上机票纯量指标　　万张/年，退票率　%								
增长模型	渠道流量（　　万/年）x 转化率6%x平均客单价=（投放渠道访问量+直接访问量）x 注册转化率x订单转化率x支付成功率x平均客单价								
阶段	获客（引入流量）		激活（刺激用户参与）		变现（提升下单转化）			留存	传播
用户行为路径	外部投放广告	落地页	首页	航班列表页	信息填写页	增值服务页	选择支付方式页	流程、会员中心	裂变活动页
设计策略	目标： 通过素材（文案和图片）唤醒用户记忆、引起注意、产生兴趣。 措施： 1.文案：从用户视角出发，掌握用户痛点、感知相关性，强化价值主张，增加时限性、地域性，敦促用户点击； 2.图片：选图要刺激消费者的兴趣和感情，引起购买欲望 3.色彩：根据主题搭配； 4.构图：重点突出、主次分明 5.字体：简洁清晰……	目标： 根据不同兴趣、地域等的人群千人千面推荐心仪航线，通过优惠吸引用户购买。 措施： 1.根据不同投放渠道、人群包、投放内容（新航线、困难、热门航线，单程、往返）等自动生成落地页，并简化预订流程； 2.利用深度链接(Deeplink)技术打开到APP……	目标： 根据用户标签千人千面展示感兴趣的内容，支持全局搜索。了解平台、建立信任；快速找到商品及业务入口、产生出行需求；快速了解行程信息进行订单操作和辅收购买。 措施： 1.强化机票搜索功能，缩短用户预订路径； 2.搜索智能输入：自动补全、拼写订正、自动匹配、位置关键词提示、推荐查询； 3.增加行程管理、出行指南的内容引导、AR扫描功能入口； 4.增加会员权益	目标： 提升搜索控件操作效率；让有目标的用户快速找到目的地、时间、价格匹配的航线；让没有目标的用户产生出行需求； 措施： 1.增加比价工具和价格趋势图； 2.增加航班点评、航线介绍视频，直播与用户互动； 3.提供更多选择及低价出行推荐方案； 4.多样化的搜索工具，结合大数据推荐目的地合适的天数及价格，帮助用户做出行决策……	目标： 提升用户表单填写效率； 措施： 1.智能代入用户信息； 2.信息字段精简（去除乘机人类型、签发地等）； 3.分享给他人填写乘机信息； 4.OCR支持护照等更多类型证件的扫描； 5.引导常用旅客证件、姓名重复或冲突的进行合并； 6.优化证件信息过期、不全的提醒； 7.不同信息输入唤起键盘优化……	目标： 为用户提供个性化服务，预订操作效率提升； 措施： 1.精准场景定位，理解用户心智、进行场景化—情绪引导； 2.精简步骤； 3.辅收社交：多人分享选择辅收产品、社交选座、优化评论信息展示； 4.辅收产品创新优化：AR扫描行李尺寸、虚拟选座、选餐……	目标： 提供便捷的支付方式； 措施： 1.优化绑卡流程； 2.订单信息简化； 3.邀请他人支付； 4.微信免密支付； 5.人脸支付、指纹支付； 6.支付成功刮奖、增加支付趣味性……	目标：培养并巩固用户习惯 措施： 1.深入优化用户使用频次较高的功能模块； 2.新增UGC发现频道，增加社交功能； 3.会员中心增加签到领积分活动、优化天天抽奖活动体验； 4.会员任务游戏化设计……	目标：加深用户情感 措施： 1.优化分享入口及分享文案，强化分享按钮； 2.简化分享流程； 3.降低活动门槛，提高参与积极性； 4.利用目标梯度效应增加用户的期待感，激励用户持续参与； 5.通过用户画像设计奖品激励机制； 6.增加用户唤回机制设计……
影响因素	用户匹配度、创意吸引度	用户匹配度、落地页质量	功能易发现、品牌传递、流量分流、导购、内容有效性	航线时刻、价格推荐有效性	填写操作便捷性	品牌信任度、导购有效性	支付方式选择便捷性	用户激励体系的吸引度、体验友好度	活动吸引力、设计引导冲击力
衡量指标	广告/创意展示量CTR	跳出率、转化率、页面停留时长、CTR、点击占比、操作完成率\时长、错误率、点击\步骤数、页面加载时间、关键帧时间等	跳出率、转化率、页面停留时长、CTR、UV点击占比、满意度等	返回上一页占比、退出率、转化率、页面停留时长、UV点击占比、满意度等	返回上一页占比、退出率、转化率、页面停留时长、错误率、表单填写效率、满意度等	返回上一页占比、退出率、转化率、页面停留时长、CTR、UV点击占比、满意度等	支付转化率、退出率、任务完成率等	退出率、7日留存率等	跳出率、分享次数、K因子等

图 4–7　增长体验地图

4.3 用户研究中的数据分析方法

在进行用户研究过程中，对收集到的数据做分析是必不可少的环节。用户研究数据类型包括定量数据、定性数据和由定量数据转换而成的定性数据。数据分析是数学知识、统计知识和分析人员自身专业知识的融合及实际运用，关键在于挖掘数据潜在的价值，解决实际问题。如何分析数据，要用到哪些分析方法，是一件至关重要的事情。

产品经理或设计师可能既不需要像专业数据分析人员那样具备熟练使用数据分析工具（如 SPSS 等）的技能，又不需要熟知统计学计算公式，但需要了解数据分析的基础知识以及使用场景，以便生成式人工智能工具能辅助自己更好地完成数据分析工作，通过生成式人工智能工具得到关于数据分析方法、实现代码的指导，比如你可以向 ChatGPT 或文心一言提出"如何使用 Excel 计算方差、中位数"等问题，会得到具体的公式和操作步骤。接下来我们了解用户研究中一些概念及其作用、统计学知识和数据分析方法。

[常用的数据分析方法包括描述性分析，差异分析、变量之间的影响关系分析（相关分析、回归分析等）。]

4.3.1 定性数据与定量数据

定性数据包含称名数据（类别数据）和定序数据（顺序数据），定量数据包含定距数据（等距数据）和定比数据（比率数据）。比如在分析定性数据前，我们需要对数据进行分类、组织和编码，通过为定性数据编码使叙述性的数据量化。

1. 称名数据（类别数据）

称名数据用于简单的描述统计，如计数和频率，可以统计被观察者某行为或现象发生的相对频率。例如，65% 的参加者是女性，100 名参加者的眼睛是蓝色的，95% 的参加者完成了某个特定的任务。

2. 定序数据（顺序数据）

定序数据是按一定的排序进行分类的结果，表现为有顺序的类别，可以统计被观察者的先后顺序，例如，自我报告数据问卷中的满意度测评分数是从 1 分到 5 分，测评结果对应非常不满意、比较不满意、一般、比较满意、非常满意 5 个等级，然后计分统计。

3. 定距数据（等距数据）

定距不仅反映事物的类别和顺序，还反映类别和顺序之间的数量差距。可以统计被观察者的得分，例如，系统可用性量表（SUS 表）是等距数据，可以表示感知可用性上的递增或递减的程度。范围从 0 ~ 100，SUS 表的分数越高，表示可用性越好。

4. 定比数据（比率数据）

定比数据不仅可以表现事物之间的数据差距，还能通过对比运算体现相对程度，用来计算平均考试成绩、结构、比例，是包含信息量最多的数据类型。在可用性测试中，任务完成时间是最明显的比率数据，如用户 1 的任务完成时间是用户 2 的 3 倍。

4.3.2　自变量与因变量

变量是指有变异的数量标志和指标，包含自变量和因变量，变量的数值表现叫变量值。在实验法中，通过主动操控特定的变量来测量被试的行为或生理变化指标，以准确地获取用户体验的数据。比如通过实验对比在 APP 界面设计中哪种版面设计更受用户的欢迎。

1. 自变量

这是指自身变化会引起其他变量的变化。在实验中，自变量分为任务变量、机体变量、环境变量、复合变量。①任务变量指要求被试完成一些任务，如浏览页面和点击按钮，完成一个搜索任务等；②机体变量指以用户的自身背景特征、状态等为自变量，包括性别、年龄、使用经验等，如根据使用经验将用户分为小白用户和高手用户，以及根据年龄和性别进行分组；③环境变量指用户所处环境的各种情况，包括时间、季节等，如用户在不同时间或不同季节访问 APP 的差异；④复合变量是研究以上变量的综合效应，比如，在实验中，要求拥有不同使用经验的人在 APP 上完成搜索操作的任务，就是机体变量与任务变量的结合，考察不同经验和任务对用户体验的影响。又比如，在智能汽车交互设计的用户研究实验中，在高速公路上没有其他道路状况的驾驶环境下，研究视觉文字信息对驾驶员的驾驶行为产生的影响。这里的自变量只有视觉文字信息。视觉文字信息有长短，在设计实验时，可能选择如 5 个字、10 个字、15 个字三种不同长度的文字，这就是实验条件的数目。我们在实验中观察三种文字长度对因变量的影响，来做设计决策。在这个实验中的因变量有驾驶速度保持、车间距离变化、车道线保持情况、眼睛离开路面时间、在固定区域内的注视时间等指标。再比如，让驾驶员在不同的道路环境下使用信息娱乐系统完成一些特定的任务，同时测量其驾驶行为、眼动数据和任务操作，这里的自变量可以有很多。

2. 因变量

这是指受自变量影响而变化的变量，在实验中，因为自变量变化致使用户行为和态度等发生变化。例如，研究字重对老年人智能手机的阅读影响的实验，自变量是字重，因变量有阅读体验指标，如阅读速度、阅读疲劳度、阅读体验感，以及眼动指标，如总注视时间、总注视次数，任务成功率、错误数、用户满意度、完成时间等，实验通过字重的变化对比以上指标因此产生的影响。再比如，在运营活动页面设计实验中，把用户点击率作为因变量，对比哪种主视觉能够吸引更多用户点击。

4.3.3　描述性分析

描述性分析主要是对一组数据集中趋势的测量，描述集中趋势的度量有众数、中位数、均值等。

1. 众数

众数是一组数据中出现次数最多的变量值，一组数据可能没有众数或有几个众数，主要用于分类数据，也可用于顺序数据和数值型数据。在表 4-3 所示的易用性评分对比数据中，"线上版本"的 4 分（出现次数最多）就是众数。

2. 中位数

中位数是一组数据进行排序后处于中间位置上的值，在表 4-3 中，"线上版本"的 4 就是中位数，如果排序的一组数是偶数，则中位数是最中间两个数的平均值。中位数主要用于定序数据，也可用于数值型数据，不能用于类别数据。

表 4-3　易用性评分对比

	线上版本（分）	设计方案（分）
用户 1	3.5	4
用户 2	3	4.5
用户 3	4	5
用户 4	4	4.5
用户 5	4.5	5
平均值	3.8	4.6
配对样本的 t 检验	0.0161	

3. 均值（平均数）

均值反映现象或事物的平均数量特征，用于表示现象某一方面的集中趋势或一般数据水平。平均数分为简单算术平均数和加权算术平均数，简单算术平均数适用于变量值出现的次数相同的情况，加权算术平均数受变量值和权数（次数）两个因素影响。例如，某 APP 客户端用户体验满意度调查报告的用户性别分布显示，在 699 份调查问卷中，男性数量为 370 人，占接受问卷调查的总人数的 52.9%，男性满意度均值为 2.97。女性数量为 329 人，占接受问卷调查的总人数的 47.1%，女性满意度均值为 2.76。满意度均值的差异较为清晰地表明女性用户在对 APP 客户端体验的挑剔程度上要比男性用户更高。

4.3.4　差异分析

差异分析是对一组数据变异性的测量，表示数据的分散或离散程度与趋势。常用度量有方差、标准差、全距（极差）和平均差。

1. 方差

方差是衡量随机变量或数据时离散程度的度量，用来表达样本偏离均值的程度和样本内部彼此波动的程度。方差是各变量值与所有变量的均值之差的平方数的平均数，用于两组或多组类别数据间差异关系的研究。

方差分析是检验多个总体的均值是否相等的统计方法，但本质上它研究的是分类型自变量对数值型因变量是否有显著影响，以及影响程度，是测算数值型数据离散程度的最重要的方法。方差分析包括单因素方差分析和多因素方差分析。当实验的自变量只有一个时，要用单因素方差分析，当实验的自变量为多个时要使用多因素方差分析。例如，在可用性测试实验中，设计了 3 个方案，共取了 10 个样本，3 个方案对应的 30 个被试任务完成时间的数据如图 4-8 所示，实验的自变量为设计方案，因变量是同个任务完成时间。

被试	方案一任务完成时间（秒）	方案二任务完成时间（秒）	方案三任务完成时间（秒）	方差分析：单因素方差分析					
p1	20	34	42						
p2	25	23	33	汇总SUMMARY					
p3	34	32	37	组	观测数	求和	平均	方差	
p4	24	21	34	方案一	10	252	25.2	26.6222222	
p5	20	24	32	方案二	10	271	27.1	19.2111111	
p6	18	25	24	方案三	10	316	31.6	61.1555556	
p7	25	31	28						
p8	32	30	43						
p9	28	27	22	方差分析 ANOVA					
p10	26	24	21	差异源	平方和SS	自由度df	均方MS	F	P-value	F crit
平均值	25.2	27.1	31.6	组间	216.066667	2	108.033333	3.02928653	0.06502426	3.35413083
95%的置信区间	3.20	2.72	4.85	组内	962.9	27	35.662963			
				总计	1178.96667	29				

图 4-8　方案的方差分析

从图中汇总部分可以看到，方案三的任务完成时间较慢，方差相对较大；从方差分析部分可以看到差异是否显著，p 值$^{\ominus}$为 0.06502426，p 值 > 0.05 说明样本间均值差异不显著，表明设计方案这个变量的总效应是不显著的，但不代表任意两个方案之间存在的差异不显著，可以通过 t 检验的方式进行其中任意两组样本的检验。

2. 标准差

标准差是用于衡量数据相对于平均值的离散程度的统计度量，为方差的算数平方根。数据点离平均值点越远，则数据集中的偏差越大。方差和标准差是测算离散趋势最重要、最常用的指标，常用于假设检验。

3. 全距（极差）

全距是一组数据的最大值与最小值之差。

$\ominus$　p 值是用来判定假设检验结果的一个参数，$p < 0.05$，说明较弱的判定结果，拒绝假定的参数取值，证明样本均值差异显著。

4. 平均差

平均差是数据分布中原始数据与其平均数之差的绝对值的平均数，差越小，差异情况越小，平均指标代表性就越好。

数据的集中趋势分析、离散程度分析都属于描述性统计，用于总结和描述数据样本的一个或多个变量。

4.3.5 影响关系分析

影响关系分析包含相关分析和回归分析等。

1. 相关分析

相关分析是对两个变量间关系强度的研究，具体的评价指标是相关系数 r。在Excel 中，用 CORREL 函数[⊖] 立刻就能得出相关系数。相关分析可以被所有高层管理者积极地接纳，此外，不了解相关分析的人，正可以使用散点图直观地展现两个数据之间的关系，获得相同的效果。散点图的直观效果与相关系数的定量分析相辅相成，在很多场合都会发挥出卓越效果，下面我们通过一个案例来说明这两者结合使用的情况。

案例：某订票平台整体满意度和销售额的相关性分析

旅游出行市场趋势良好、旅客重复购买率持续稳定增加、市场发展趋向成熟。但某订票平台之前对客户满意度及乘机体验不太重视，例如行李超额收费、航班变更通知不及时等服务不到位引起旅客的投诉和不满，导致大部分旅客流失、忠诚度降低。而该平台内部的 IT 资源较倾向于能直接带来收入的项目，提升体验的项目很难推进，于是其用户体验部门通过论证满意度与销售额的相关关系及影响程度，自上而下推进满意度体系的搭建与完善以及相关乘机体验优化项目的实施，以提升旅客整体满意度，最终促进销售额的增长。

在选取数据时，用户体验部门获取了同年 12 个月的相关销售数据与满意度数据，如表 4-4 所示。

⊖ =CORREL（Array1，Array2），Array1 表示数列 1，Array2 表示数列 2。

表 4-4　12 个月的销售与满意度数据

月份	机票销售总额（万元）	机票销售数（张）	重复购买率	旅客满意度（分）
1 月	8 756	194 578	45%	72
2 月	9 832	218 489	42%	70
3 月	4 565	101 445	41%	65
4 月	3 568	79 289	50%	67
5 月	9 732	216 267	46%	68
6 月	5 432	120 712	40%	71
7 月	4 321	96 023	33%	60
8 月	4 522	100 489	37%	63
9 月	6 022	133 823	33%	65
10 月	10 982	244 045	40%	65
11 月	3 654	81 200	35%	61
12 月	4 683	104 067	27%	55

机票销售有淡旺季，如果直接测算学销售额与满意度的关系，结果可能不太准确，因为它还受其他因素的影响。一般满意度的测评是针对已经购票并且已乘机的旅客，假设旅客满意度高，他们下一次再选择该平台的可能性就大，那么体现的指标应该是重复购买率，所以测算重复购买率与满意度的相关关系。在 Excel 里通过 CORREL 函数算出一个相关系数 r，测出两个变量之间的相关性，一般 r 值离 −1 或 +1 越近，表示相关性越强。

根据 CORREL 函数算出重复购买率与旅客满意度的相关系数 $r = 0.79$，可见两者相关性极强，两者关系的散点图如图 4-9 所示。绘制散点图时，一般需要注意确认将哪列数据设为纵轴。在 Excel 中，将作为纵轴的一列数据放在右侧，将作为横轴的一列数据放在左侧可以得到想要的散点图。除了清晰明了、简单易懂之外，散点图还必须保证用纵轴表示"输出（结果或目的）"，用横轴表示"输入（能够控制的变量）"，因为其原则是通过控制横轴的变量，引起纵轴变化。

机票销售额 = 新增用户销售额 + 已有用户销售额，重复购买率就是重复购买交易次数与总交易次数的比值，重复购买率越高说明已有用户销售额越高，在新增用户销售额没有下降的情况下，整体机票销售额就能相应提高。

满意度是用户忠诚的基础，通过为用户营造愉悦的用户体验，提高用户的满意度，进而让用户产生一种心理上的依赖感和归宿感，提升用户对品牌的忠诚度，才能最终实现提升销售额这个目标。因此，将满意度作为中间变量，用于衡量用户对体验的感知结果，可进一步影响用户忠诚以达成提升销售额的目标。

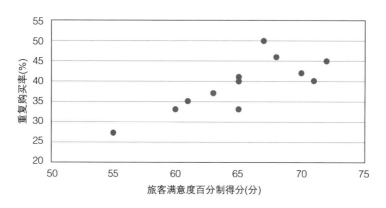

图 4-9　满意度与重复购买率散点图

根据上面案例延伸可以发现，在日常工作中，如果要提升的最终目标是"销售额"，我们通过假设找出"重复购买率""客户满意度""用户忠诚度""降价""产品魅力"等可能影响该目标的因素，观察这些因素与"销售额"因素相关程度的高低，可以得知哪个因素会对销售额产生强烈影响。这样就可以将资源转移到与目标关系更为直接的项目中。反之，对那些本以为有助于增加销售额而一直进行的项目，如果未能发现它们与目标的相关关系，可能就需要重新考虑是否继续推进这些项目。根据上面的分析，如果我们发现"满意度"与"重复购买率"的相关性极强，那么我们可以继续分析满意度中，各个细分类别的满意度与总体满意度的相关关系，找到该重点优化的地方。从相关分析中可以得知"满意度"和"便捷性"变量密切相关，但是这两个变量中到底是哪个变量受另一个变量的影响以及影响程度如何，则需要通过回归分析方法来确定。

2. 回归分析

回归分析是一种描述一个或多个自变量的变化如何影响因变量的方法。回归分析侧重考察变量之间的定量关系，并通过一定的数学公式将这个定量关系描述出来，回归直线（如 $y = \beta_0 + \beta_1 x$）用于确定一个或几个自变量的变化对另一个因变量的影响程度。回归分析的核心价值在于"预测"，即通过对历史数据的分析，构建可以预测未来因变量值的数学公式。在一定程度上描述了变量 x 与 y 之间的定量关系，根据这一方程，可依据自变量 x 的取值来估计或预测因变量 y 的取值。但估计或预测的精确度如何，取决于回归直线对样本数据的拟合程度。各散点越是紧密围绕直线，说明回归直线对样本数据的拟合程度越好。想象一下，如果图 4-9 中的散点都落在回归直线上，那这条直线就是对数据的完全拟合，这时用 x 的值来预测 y 的值是没有误差的。

回归直线与各数据点的接近程度称为回归直线对样本数据的拟合优度，一般需要计算判定系数 R^2 来度量。

继续前面的例子，我们用散点图求回归直线，在 Excel 里选择散点图上任意一个点后，右击鼠标，在弹出的菜单中选择"添加趋势线"命令，然后在趋势线设置中勾选"显示公式"和"显示 R 平方值"选项。如图 4-10 所示，散点图上就会出现一条大致从数据中心通过的直线，以及体现纵轴与横轴数值关系的公式：

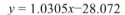

$$y = 1.0305x - 28.072$$

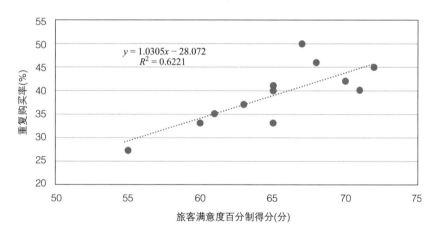

图 4-10 满意度与重复购买率回归分析

在这个例子中，该公式可以理解为：

$$重复购买率 = 1.0305 \times 满意度得分 - 28.072$$

接下来，我们来看 R^2。在表 4-5 的例子当中，相关系数 $r = 0.79$，$r^2 = 0.6241$，与从散点图中求出的 $R^2 = 0.6221$ 的数值近似一致。R^2 就是相关系数的平方。因此我们

对 R^2 也可以采取与相关系数相同的评价标准。

多数情况下，我们将相关系数大于 0.7 的情况，或者稍微放宽一些将相关系数大于 0.5 的情况视为"相关"。0.7 的平方和 0.5 的平方分别为 0.49 和 0.25，可将 0.49 或 0.25 作为 R^2 的标准，大于这个数值则判断数据相关，可以放心地使用回归直线。对同一组数据来说，根据相关系数判断，还是根据 R^2 判断，其结果是相同的。

x 叫作"自变量"或"解释变量"，y 叫作"因变量"或"被解释变量"。如果用百分数（％）表示 R^2，它可以理解为"被解释变量"在多大程度上可以由"解释变量"来说明。就上述案例来说，"重复购买率"这个变量有 62.21%（=0.6221）可以通过"满意度"变量得到解释，这样表述更便于我们理解 R^2 的含义。

下面，我们来解释这个回归直线。斜率（1.0305）表示"满意度"每增加 1 分，"重复购买率"将会增加 1.0305%。所以，根据 KPI 可以测算出满意度要达到多少分，才能完成重复购买率的指标。

只靠相关分析的结果无法得到类似的数值关系。通过这种关系可以得知，满意度增加 1 分，会对目标即销售额产生多大的影响。如果其他因素与销售额的相关程度较低，但能给销售额带来更大影响的话，也可以优先采用那个因素。在平时工作中我们通过假设推断出来各指标的影响关系，用回归分析可以间接推断达成一个目标需要达到什么值，达成另一个目标需要达到什么值。

4.3.6　假设检验

假设检验是一种用来判断样本与样本、样本与总体的差异，是由抽样误差引起还是由本质差别造成的统计推断方法。假设检验有以下两种使用场景：

一是，使用样本数据来推断未知的总体数据的特征。例如，在做问卷调研的时候，通过调研得到的 3 000 条样本的年龄信息来分别推测所有会员的年龄分布，以及对基于标准正态分布得到的正常和异常样本分布的区间等。

二是，做样本与样本间的差异性检验，有两种情况。

第一种，同一样本不同成分间的差异，比如不同城市、不同用户分组、不同产品间的客单价、销售额、利润率等的差异，不同成分对目标是否具有显著性影响以及差异性大小。例如，在可用性测试实验中，同一组参加者在两组不同产品设计方案上完成任务时间的差异比较。

第二种，同一样本不同时间周期的差异，比如不同年份下"双十一"活动的结果差异，不同阶段渠道测试的投放结果差异，改版前后不同时间的效果差异等。例如，在可用性测试实验中，不同参加者在不同设计方案的任务完成率的差异比较；在增长实验的 A/B 测试中，A、B 两个版本效果的差异，检验实验组的指标与对照组之间的差异是否显著，检验营销效果是否达成目标，检验不同广告版本点击率差异是否显著等。

显著性检验是假设检验中最常用的一种方法，也是最基本的一种统计推断形式，常用的假设检验方法有 t 检验、卡方检验、F 检验和 Z 检验等。工作中经常会用到卡方检验和 t 检验来检验产品的关键指标的改版效果是否显著。

1. t 检验

t 检验用来验证总体均值间是否存在显著性差异，属于参数假设检验，所以它适用的范围是数值型数据。t 检验常用于总体符合正态分布、方差未知、样本量较小的情况，例如，通过 t 检验测算某金融类 APP 改版前后的月活跃用户数（MAU）和月 ARPU（每个用户平均收入）的差异是否显著，这里就以月 ARPU 为例介绍。下面假设以一定的时间区间为界限，如改版前后各 10 天，数据如图 4-11 所示。

将改版前月 ARPU 的 10 天数据与改版后月 ARPU 的 10 天数据输入 Excel，使用 Excel 的数据分析工具，选择"t 检验：平均值的成对二样本分析"选项，输出检验结果。图 4-11 中单尾 p 值 =0.010782039，由于 0.010782039 < 0.05，即单尾 p 值 < 0.05，存在显著性差异，所以改版后月 ARPU 效果显著。也可以在 Excel 中用 TTEST 函数[⊖]进行 t 检验。直接用 Excel 函数的好处是，它可以根据数据进行动态变化，而 Excel 的数据分析工具是静态的。

⊖ =TTEST（Array1，Array2，tails，type），Array1 表示数列 1，Array2 表示数列 2，tails 表示分布曲线的尾数。如果 tails = 1，TTEST 函数使用单尾分布；如果 tails = 2，TTEST 函数使用双尾分布，type 为 t 检验的类型。如果 type=1，对应检验方法为成对；如果 type = 2，对应检验方法为等方差双样本检验；如果 type = 3，对应检验方法为异方差双样本检验。

日期	改版前月ARPU	改版后月ARPU	t-检验: 成对双样本均值分析		
DAY1	14.7	16.5			
DAY2	16.5	17.3		变量 1	变量 2
DAY3	17.4	18.6	平均	20.54	18.48
DAY4	15.3	16.7	方差	12.13155556	11.912889
DAY5	18.4	20.5	观测值	10	10
DAY6	16.9	18.5	泊松相关系数	0.770900641	
DAY7	22	23.3	假设平均差	0	
DAY8	16	24.6	df	9	
DAY9	24	25.4	t Stat	2.775349589	
DAY10	23.6	24	P(T≤t) 单尾	0.010782039	
平均数	18.48	20.54	t 单尾临界	1.833112933	
95%置信区间	2.14	2.16	P(T≤t) 双尾	0.021564078	
			t 双尾临界	2.262157163	
t检验	0.021564078				
			改版后月ARPU有显著提高		

图 4-11　t 检验

2. 卡方检验

卡方检验（chi-square test）也就是 χ^2 检验，用来比较比率型数据、称名或分类数据，是非参数检验中最常用的，用来验证两个总体的某个比率之间是否存在显著性差异。在 Excel 中用 CHITEST 函数[⊖]进行卡方检验。

3. F 检验

F 检验常用于独立样本的方差的差异的显著性检验。通过比较两组数据的方差，以确定它们是否有显著性差异，用于检验实验组内的两个正态随机变量的总体方差是否相等，以判断应该选择使用 t 检验中的哪种检验方法。根据该检验方法计算出的方差比值可以用来检验两组数据是否存在显著性差异。在 Excel 中用 FTEST 函数[⊖]进行 F 检验。

4. Z 检验

Z 检验用于在两组样本的总体方差未知时，检验两组数据表现情况的差异。Z 检验常用于总体正态分布、方差已知或样本量较大的情况。比如我们可以根据历史数据

　⊖　=CHITEST（actual_range，expected_range），actual_range 表示实际范围，expected_range 表示预期范围。

　⊖　=FTEST（Array1，Array2），Array1 表示数列 1，Array2 表示数列 2。

（样本）来估算未来的广告效果，因为中心极限定理样本量足够大，它的分布都是近似正态分布的，可以用同一个公式来计算。在 Excel 中用 ZTEST 函数[⊖]进行 Z 检验。

在 7.2.5 小节关于 A/B 测试的内容中有更详细的运用 Z 检验的案例介绍。以上几种检验方法的案例因为篇幅有限，本书不展开介绍，感兴趣的读者可以关注我的微信公众号。

5. 置信区间

置信区间是对一个概率样本的总体参数进行区间估计的样本均值范围。置信区间总体参数真值的次数所占的比例称为置信水平，表示为 $1-\alpha$，为总体参数未在区间内的比例，常用的置信水平有 99%、95%、90%，相应的 α 为 0.01、0.05、0.1，表示期望样本平均值有 90%~99% 的概率是正确的，在 A/B 测试中常用来评估测试结果。

在 Excel 里，我们可以通过 CONFIDENCE 函数[⊖]算出一组数据的置信区间。数据如表 4-5 所示。

表 4-5　被试数据

被试	任务完成时间（秒）
p1	20
p2	25
p3	34
p4	24
p5	20
p6	18
p7	25
p8	32
p9	28
p10	26
平均值	25.2
95% 的置信区间	3.2

⊖ =ZTEST（array，μ_0，sigma）。array 为用来检验 μ_0 的数组或数据区域，μ_0 为被检验的值，sigma 为样本总体（已知）的标准偏差，如果省略，则使用样本标准偏差。

⊖ =CONFIDENCE（α，STDEV，COUNT），α 值为置信水平，STDEV 函数计算标准差，COUNT 计算样本数量。

根据表 4-6 的数据，CONFIDENCE 函数计算出来的结果是 3.2，因此平均值 25.2 秒的 95% 置信区间是从 22 ～ 28.4 秒，即有 95% 的把握被试的任务完成时间在 22 ～ 28.4 秒。

4.3.7　聚类分析

聚类分析是对无序的对象进行分组，具有近似特征的对象会被聚集到同一类别，主要应用于探索性研究。通常我们通过定量问卷调研或者采集平台上的数据做聚类分析，根据聚类分析结果，建立用户角色模型或者进行用户分群。

K-means 聚类分析方法又被称为 K- 均值算法，是被广泛运用的一种聚类算法。这种算法是以数据集的平均值为中心，以迭代方法进行函数的优化，最终让函数达到最优。

例如，酒店对用户预订行为的分类可以用聚类的数据挖掘方法。选取用户在旅游 APP 预订的行为，如预订时间、频率、酒店类型、预订渠道等维度，使用 K-means 聚类方法，对不活跃的用户进行聚类，对这些分组的用户特征进行描述。针对分类的用户设计实验，消除各种因素影响，并从多个维度对实验结果进行分析评价。根据实验的分析结果提出后续的差异化促销策略和产品设计策略。

4.4　将用户痛点转化为需求和增长机会

就像"用户要的是更高效的移动，而不是一匹更快的马"一样，用户能想到的解决方案都是基于其认知的，对此，需要挖掘需求背后的真正诉求，进而从根源找到解决方案。例如，目标用户是一个经常商务出行的人，用户场景是每当航班发生延误或取消时，用户行为是需要改签和退订机票，用户体验目标是能便捷地查看可改签的航班以及极速退款。

除了确定目标用户外，在分析目标用户和用户体验目标的时候，我们还要关注用户的动机、担忧、遇到的障碍，因为它们会成为影响业务目标和用户体验目标的因素。

1. 根据人性弱点拆解动机和担忧因素

我们可以通过哪些方法让用户创造动机？可以利用人性的弱点（如傲慢、嫉妒、暴怒、懒惰、贪婪、暴食、虚荣等）来引导，如利用高收益使贪婪的用户产生动机，用直播平台的礼物满足主播的虚荣心，这都是为用户创造动机。我们还要为用户排除担忧，以及通过新手指引等为用户解决障碍。在用户使用前也就是用户还没有想好要不要做某一件事情的时候，我们要说服他产生情感共鸣，然后愿意使用产品，需要关注 PET[⊖] 三个因素。在用户使用产品过程中也就是用户确定好要做某一件事情后我们需要帮助他减少障碍，让操作变得有效、高效，同时还容易学习、容易记忆，达到让用户满意的程度。

例如，以订票 APP 为例，通过业务分析可得到业务目标和衡量指标，我们先要分析用户的意愿，对动机和担忧两个关键因素进行分解，再针对具体因素提出解决方案。如表 4-6 所示，关键因素分解得越细致就越能得到更具体的解决方案。

表 4-6　动机和担忧因素列表

	用户的动机	用户的担忧
因素	想找到时间、价格合适的机票	现在这个时间买的机票是最划算的价格吗？带儿童和婴儿方便吗？退票规则是什么样的？退票改签费用高吗？乘机人需要填太多信息，能提前选座吗？能和同行人坐一起吗？行李额度是不是不够？如果航班延误了，改签和退票可选择范围多吗？方便吗？
提出对应的解决方案	为用户提供价格趋势、价格预测或是与 OTA 的比价功能，增加儿童、婴儿订票温馨提示，展示各个时间段的退票和改签费用、简化信息填写步骤、根据获取的用户信息默认填写、OCR 识别填写、开放提前选座、提供付费优先选座服务并且支持用户取消选择座位，增加行李额度提示并提供购买入口，与其他航司合作、提供更多改签航班选择等	

2. 根据用户行为拆解动机和担忧因素

通过分析用户需求我们得到用户体验目标和相应的衡量指标，同样，我们可以从用户行为这个角度进行分析，看看用户在使用过程中会遇到哪些障碍。

比如在表单填写过程中需要提供太多信息、网络不稳定、没有相关的证件，那么对应的解决方案是减少非必要的信息输入、现在购买还送 ×× 元红包、提高网络

⊖　PET 是 Persuasion、Emotion、Trust 三个英文单词的首字母缩写，中文意思是说服、情感、信任。

稳定性、支持多种证明文件。再比如，在注册之前，用户也可能会有一些担忧，如担心个人信息安全。用户会想，自己在上面填写的个人信息会不会泄露，网站会不会拿自己的数据做其他事。那为了顺利达成目标，我们需要在明显位置提示用户在注册之后，他可以使用更多的功能，以及他的信息将被妥善保存等。

总之，为用户创造动机和排除担忧是为了让更多的用户有更强的使用意愿，为用户解决障碍是为了让用户的操作更加有效、高效、易学、易记，达到用户满意的程度，从而提升用户体验，促使达成业务目标。我们需要给用户创造动机、排除担忧、解决障碍、刺激用户快速做决策或是在用户完成某个任务后给予奖励，让用户获得一次满意的体验。

3. 形成解决方案的初步想法

动机、担忧、障碍可以帮助我们形成一系列的应对策略，这就是解决方案的初步想法。比如，用户在发生点击"注册"按钮这个行为前有哪些因素会促使用户产生注册的动机？是可以使用更多的功能，可以看到更多的内容，可以得到 100 元购物券吗？用户在注册过程中，会遇到哪些障碍？我们可以通过用户研究方法（如访谈、问卷调查）尽量把风险降到最低，所以了解完这些问题再去找解决方案才是最重要的，也是用户研究的价值所在。

在设计用户行为之前，我们要先了解目标用户是谁；在待优化的项目中，我们更要了解流失用户是谁，他们流失前的行为及痛点。这一章我们讲了如何进行用户需求分析，通过定性、定量的研究方法定位问题，包括如何通过用户调研、用户体验地图、服务蓝图、增长体验地图找到和梳理用户痛点，聚焦设计机会点。下一章，我们将介绍如何设立设计目标与衡量指标。

第 5 章 设计目标及衡量指标

5.1 如何制定设计目标

设计目标是指在某段时间内，通过某种设计策略，帮助用户实现某个目标，以助力某个业务目标的达成。设计目标是设计方案所要达到的目的和效果，也是做设计方案的方向和依据。设计师在出设计方案前需要了解业务目标、用户目标（需求、动机和痛点），然后对两个目标进行拆解，找到共同诉求，制定设计目标，思考设计策略，最终输出合适的设计方案。设计目标也需要平衡用户体验和商业价值。我们要思考用什么样的设计策略来达成目标，在此阶段要形成设计假设、明确设计关键点。

以某旅游 APP 的"发现"频道为例介绍如何从业务目标、用户目标推导出设计目标的过程。根据与需求方的沟通，确定其业务目标之一是提升"发现"频道旅游产品购买转化率 13%。通过梳理用户的目标和动机，我们先是在调研中发现了一些用户痛点，比如，用户觉得"发现"频道的内容、图片质量不够吸引人，旅游产品购买流程较复杂，频道内容更新频率低等。我们可以通过提高内容的视觉吸引力（设计策略）、简化流程、降低认知和操作成本（产品 / 设计策略）、缩短流程响应时长（研发策略）、增加渠道来源（运营策略）、提升单渠道曝光率（运营策略）等方式实现转化率的提升。

然后，我们将与设计工作直接相关的内容列为设计目标，在上述产品设计工作中，设计师可以影响的是提高内容的视觉吸引力，因此把提升"发现"频道的内容视觉吸引力作为设计目标，接下来制定设计策略，比如增加背景氛围，通过视觉差异性凸显"发现"频道，优化内容排版，降低视觉噪点，增强内容信息本身的吸引力。

在制定设计策略时要找到策略关键因素来指导设计方案。策略关键因素的划分可以通过 MECE 分析法（相互独立、完全穷尽）检验其独立性和全面性，设计方案需经过设计语言的串联，进行可行性过滤。

制定设计策略具体的操作步骤包括：①从用户的所有使用场景中梳理出典型场景，分解用户任务、推导出设计关键点，明确产生的现象和指标。比如在提升某订票平台机票购买转化率的需求时，我们需要考虑在一条完整的路径上去满足这一需求，用户体验是全方位的，在用户体验地图中任何影响转化率的体验问题或流程断点，都可以作为设计机会点。②设计师用工具（用户体验地图、服务蓝图等）分析全局的体验，有效挖掘有业务价值的问题，进而推动业务升级。③列出用户使用流程并且关注用户在使用过程中的接触点，通过了解接触点中的用户情绪整理各个接触点的问题，了解用户痛点，提出解决方案，这样才能使用户总体满意度高。

以某订票平台为例，用户购买机票的任务路径是找到心仪的航线—选择合适的时间和班次—填写乘机人信息—选择附加产品和服务—确认订单下单支付。通过对该路径的漏斗分析，我们发现用户在机票搜索的环节，流失率较高，于是将提高用户机票搜索成功率作为业务目标一。再分析出关键因素以及对应的解决方案列表，梳理哪些是重复的方案并进行合并，然后看看哪些是设计师进行界面设计就可以解决的。从业务目标、用户目标推导到设计策略的过程如表 5-1 所示，设计目标的模板请参阅附录 B。

业务层面的目标之一是提高用户机票搜索成功率，搜索成功率除了跟该平台的航线覆盖范围有关系外，还跟搜索控件、航班列表、航班无结果页等接触点的体验相关，用户目标是便捷地找到（时间、价格）合适的航班和出行解决方案。通过用户体验地图我们了解到影响目标搜索成功率的用户群体相关痛点有 7 个（见表 5-1），将与业务目标相关的用户目标进行分类，我们可以看到这 7 个痛点中有些是可以通过设计优化来解决的，但有些超出了设计的职能范围。我们要将其中与设计直接相关的定为设计目标。超出设计师职能范围的可以推动、协同多部门解决用户的痛点。

如果我们的业务目标是提高用户机票搜索成功率，那么，转化后的设计目标为：提升搜索效率，帮助用户快速决策。通过上述用户痛点找到设计机会点，得出关于搜索控件、价格日历、机票搜索结果页、航班详情、退改签规则共五方面的设计策略（见表 5-1）。

业务目标与用户目标都是满足用户需求，以期带来业务的提升的。设计师要证明设计方案有价值，不能只是告诉产品经理用户体验更好，而是进一步做到"让设计更好地满足用户需求，从而促进达成业务目标"，关于将设计目标与指标关联的做法请参阅 5.3 节。

表 5-1　某订票平台的设计目标推导过程

流程	具体事项
业务目标一	提高用户机票搜索成功率
关键因素	航线覆盖范围、搜索控件、航班列表、航班搜索结果
用户目标	便捷地找到（时间、价格）合适的航班和出行解决方案
通过用户体验地图了解影响目标的用户群体相关痛点	1）没有搜到想去的目的地； 2）有想去的目的地，但对航班时刻不满意； 3）不知道什么时候买机票最划算； 4）找不到买返程机票的入口，搜索控件单程往返选择不明显（与设计相关的痛点）； 5）购买往返机票流程较烦琐，价格无法在同一页中展示比较（与设计相关的痛点）； 6）中转航班价格日历无法显示价格（与设计相关的痛点）； 7）当搜索无结果时，没有更好的解决方案推荐（与设计相关的痛点）
将与设计相关的定为设计目标	提升搜索效率，帮助用户快速决策
设计策略	1）搜索控件：突出单程、往返入口； 2）价格日历：增加中转航班、空铁联运航班的价格日历展示，在去程返程日期上，建议保留一个总价，因为如果往返价格分开则需要用户自行计算总价。采用浮窗取代全屏，浮窗的跳转性较弱，用户在浮窗里可不间断完成往返日期选择，达到沉浸式体验； 3）机票搜索结果页：精简优化展示用户关心的航班信息、简化机场名称、增加含税价/价格/中转直飞/航司筛选、搜索无结果推荐等方式为用户提供决策依据；往返页面采用双栏排版样式并减少交互步骤，在往返搜索结果页直接为用户提供往返航班推荐组合价格，价格更直观，减少用户选择舱位的步骤和时间；推荐低价组合、可提炼卖点增加平台安心购票背书；增加修改出发/到达城市的功能，价格从低到高默认排序； 4）航班详情：提示余票、展示优惠及折扣信息、展示退改签规则与行程单提示、展示准点率及机型信息、仓位大小，多余提示信息可收起； 5）退改签规则：优化界面、信息分层等

所以，在设立设计目标前要明确需求背景和业务目标，根据现有事实（洞见、定量、定性现状）推导出假设，弄清用户需求与目标（我们做了什么，用户就会怎么样）；设立设计目标，以及到达目标要做到哪些关键因素（key-to do）；假设目标达到了，会有哪些现象及用户行为发生（signal-metric）；找到设计发力点，考虑如何在不降低用户体验的前提下达成业务目标。

5.2 设定衡量指标与指标体系

5.2.1 设定数据衡量指标

根据增长模型现阶段的北极星指标，明确业务目标，将业务目标转化为可衡量的指标。无论是日常的项目迭代还是全新的项目开发，我们产出的设计方案一定关联了某些任务流或者任务流中的页面，而与设计方案相关联的任务流所产生的流程或页面的数据，就是我们需要考核的数据。在用户转化漏斗中，无论是从获客到激活还是到变现等，用户与产品的接触和使用过程，其实就是在完成产品设计的一个个或大或小的任务流。例如，我们做一个注册流程优化项目，这个需求的业务目标是想要有更多的注册用户，那么我们就要将这个业务目标转化为可衡量的指标，即一段时间内的注册用户数，我们再将其拆解为其他细分指标，比如用户在经历的页面和流程中，我们要关注注册流程转化率、注册页面退出率、提交按钮点击率等。

1. 指标与指标体系

指标是对预期中想达到的指数、规格或标准等目标的度量（如用户量、访问量、页面浏览量等），用来监控和评估项目进程的状态，验证方法论、评估实验效果、辅助决策等。

指标可分为结果性指标和过程性指标。

• 结果性指标：一般为业务指标，用来评估结果，如销售指标 GMV（一段时间内的成交总额）、总用户数、总订单量、下载量等。

• 过程性指标：衡量用户行为的指标，如转化率、页面停留时长、渠道留存率等，我们可以通过过程性指标，回溯其过程情况，进而找到影响结果的原因。

指标体系是指将若干个相互联系的指标连接起来组成的有机体，指标体系的应用范围实际上很广泛，涵盖国家—行业—组织—个人，如国民经济统计指标体系、行业信息化评价指标体系、经营绩效评价体系、部门 KPI 指标体系、个人信用评分指标体系、网站评价指标体系等。一款产品的指标体系可分为广告投放跟踪指标、活动运营转化指标、注册转化指标、购买转化指标、产品活跃度指标、用户运营指标体系等。

2. 设计师需要关注的指标

我们可以将数据指标分为业务指标、用户指标、行为指标三类，这三类指标的举例如表 5-2 所示，其中常用指标的具体说明参阅附录 A。

表 5-2　数据指标举例

分类	指标举例
业务指标	• 总量：GMV、总访问时长 • 人均：ARPU、人均访问时长、ROI • 人数：付费人数、播放人数 • 健康程度：付费率、付费频次、完播率（观看率）
用户指标	• 存量：DAU/ MAU、访问用户量、登录用户量 • 增量：新增访问用户量、新增登录用户量 • 健康程度：次日留存率、7 日（周）留存率、30 日（月）留存率
行为指标	• 频次/频率：访问量、访问用户人均访问次数、每次访问页面浏览量、总访问时长、平均访问时长，访问深度 • 评价质量：退出次数、退出率、总页面停留时长、平均停留时长、进入量、访问用户人均进入次数、总进入时长、平均进入时长、每次进入页面浏览量、跳出次数、跳出率 • 路径走通程度：转化率

5.2.2　搭建数据指标体系——OSM 模型

以业务目标作为指标体系搭建时，指标体系要以现有产品功能/组织架构为基础。我们可以通过 OSM 模型搭建指标体系，如图 5-1 所示。

图 5-1　OSM 模型

OSM 模型的含义如下：

1）业务目标（Objective）：用户使用产品的目标是什么？产品满足了用户什么诉求？

2）业务策略（Strategy）：为了达成上述目标采取的策略（用户在什么时候感到被满足？）；

3）业务度量（Measurement）：搭建指标体系，追踪产品是否有效满足了用户的诉求（KPI是直接衡量策略有效性；Target是预先给出的值，判断是否达到预期。

例如，要为某短视频平台搭建指标体系，首先要了解业务目标，通过指标度量用户在产品使用路径中的感受，找到影响结果数据的因素。下面介绍该平台搭建指标体系的过程。

首先，了解一下该短视频平台的用户特征与用户类型。按用户特征可分为生产者、参与者、传播者；按用户类型可分为网红型、追随型、浏览型。那么这三种特征及类型的用户，使用产品的诉求是什么？

1）网红型用户是主要的内容生产者，他们对音乐和制作、剪辑创意视频有着极高的热情，其诉求：希望自己的作品可以传播给更多的人，获得大量"粉丝"与追随者，甚至获取补贴收益。

2）追随型用户是主要的参与者，也是内容次生产者。他们欣赏那些网红型用户的精彩作品，羡慕他们收获了大量的点击率和"粉丝"，同时也渴望自己能够拍摄出同样炫酷的视频，其诉求：需要在平台上寻找自己心中的"达人"，追随他们，向他们学习，参与平台发起的挑战话题。

3）浏览型用户是主要的传播者，也是内容消费者。其诉求：想寻找、看看精彩的作品，获取愉悦感，丰富自己的碎片时间，与朋友有社交话题。这类用户可以为平台带来大部分的DAU，并且也是前两种类型用户的广大群众基础。

其次，了解用户感受到诉求被满足。

1）生产者：通过发布动态、发布后获得反馈（被点赞、分享、关注、获得"粉丝"等）、与消费者互动等；

2）消费者：包括参与者和传播者，通过浏览、喜欢、评论、转发短视频，分享自己觉得有价值的内容。通过分享来定义自我，完成自我与他人的联系，实现自我满足，宣扬自我认同的理念。

最后，了解用户从使用产品到获得价值的过程，制定指标。

内容生产者经历的步骤和流程梳理如图 5-2 所示，指标如下：

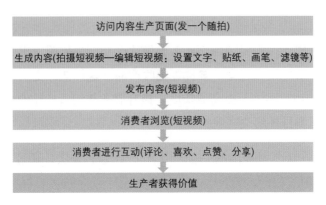

图 5-2　内容生产者经历的步骤

1）结果性指标：发布短视频数、发布短视频人数、视频互动数（评论、点赞数等）、产生互动的视频数等；

2）过程性指标：视频生产流程转化率指标（如进入编辑页面、成功发布率）、价值感知率指标等。

内容消费者经历的步骤和流程梳理如图 5-3 所示，指标如下：

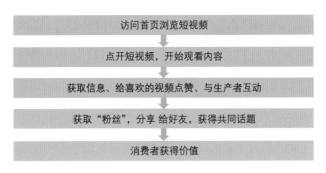

图 5-3　内容消费者经历的步骤

1）结果性指标：浏览短视频数、好友数、"粉丝"数、评论数、消费者在产品中的日活；

2）过程性指标：页面停留时间、消费时长、使用频率等。

上述是搭建指标体系的思路，当我们明确需要分析的问题之后，可以通过下钻，将指标与维度结合，交叉成巨大的指标体系来支持数据分析工作。

5.3 让设计目标与数据指标建立关联——GSM 模型

下面以业务需求是做某订票平台的行程管理功能为例，介绍如何用数据指标衡量设计目标是否达成。你需要了解为什么要做这个功能，先跟需求方沟通得知业务目标是让用户买更多的机票和行李、餐食等辅收产品。这样能让更多的用户打开并使用APP，增加 APP 的用户黏性、提高活跃度，提升服务与增值产品的销售额。那么如何衡量设计方案与业务目标的关联呢？

GSM 模型是谷歌公司提出的一种量化用户行为的方法，通过对目标进行拆解，推导出最应该关注的关键数据指标，用来衡量设计目标的实现程度与完成情况，如图 5-4 所示。

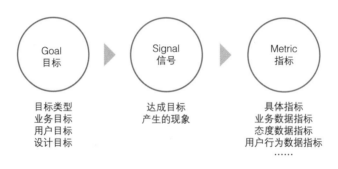

图 5-4 GSM 模型

GSM 模型的含义如下：

1）字母 G 是 Goal（目标）的缩写：我们需要了解业务目标是什么？用户目标是什么？设计目标是什么。

2）字母 S 是 Signal（信号）的缩写：与目标相对应的信号是什么？目标实现了，用户行为、态度会有什么改变？目标没实现会有什么表现？

3）字母 M 是 Metric（衡量指标）的缩写：与信号对应的关键指标有哪些？

以上述订票平台新增的行程管理功能为例，我们的目标（G）是让用户通过查看和跟踪自己的行程信息，买更多的机票和行李、餐食等辅收产品，那么信号（S）是让用户产生的行为，即让用户打开行程管理页面、点击添加行程、点击增值服务产品购买按钮，衡量指标（M）就是提升行程管理页面的 UV、退出率、单用户初次进入页面滑动次数、单页面停留时长、各辅收产品按钮的点击率等。我们还需要将业务目标转化为用户行为，让用户帮助产品完成业务目标。比如，想提高点击率，让更多用户打开行程管理页面、点击添加行程与购买辅收产品，可以通过以下方法：针对已经购买机票的用户，让他来关注行程信息点击辅收产品购买按钮；针对没购买机票的用户，可以让他使用新增的这个功能管理他的行程并且推荐目的地的景点和美食等信息。如图 5-5 所示为行程管理功能的 GSM 模型。

图 5-5　行程管理功能的 GSM 模型

如 5.1 节里提到的提升某订票平台机票购买转化率的案例，设计目标是"提升搜索效率，帮助用户快速决策"，那么达成目标的信号是：用户能够更快地找到并选择想要的航班，更多用户在页面上有点击行为。达成目标的衡量指标有用户打开机票搜索结果页至点击"预订"按钮的平均时长、"预订"按钮 UV 点击次数等，具体如图 5-6 所示。

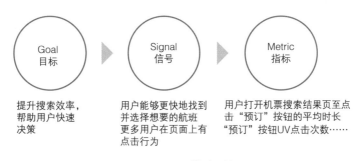

图 5-6　GSM 模型示例

我们通过这种方法能更科学、系统地搭建指标体系，让目标与设计工作的关系更紧密。通过拆解用户达成目标的行为，看目标达成需要经过怎样的行为路径。比如，用户产生行动之前一般会经过获取注意—引发兴趣—产生欲望—采取行动这几步，而在用户采取行动之后，才会知道自己是否满意，从而决定是否再次使用以及能否主动推荐给别人。整个流程是一个完整的链条，而不仅仅只是零散的环节，这就是我们通常所说的用户体验是在完整的过程中，而不仅仅只在用户使用产品的过程中。

通过分解用户行为我们得到了衡量指标，并且它们与设计工作高度相关，所以设计师在设计方案时要围绕这些指标提出解决方案。这一系列行为和用户界面层面的设计是非常关键的，因为用户的行为会直接影响目标能不能达成，所以流程、界面元素、视觉效果等都会直接影响业务结果。

5.4 用户体验设计量化标准

用户体验设计量化可以通过绩效度量（任务成功、任务时间、测量错误、效率、易学性）、基于问题的度量（可用性问题）、自我报告度量（评分量表、任务后评分、测试后评分满意度问卷、易用性问卷、知晓度问卷、净推荐值问卷等）、行为和生理度量（言语表情的观察、眼动追踪、情感度量、心率变异性和皮肤脑电研究）、合并与比较度量等方法，本书不详述，可以参阅《用户体验度量：收集、分析与呈现（第2版）》[⊖] 一书。

业界有很多用户体验设计量化模型，各个公司也有自己建立的体验评价体系，我在平时工作中常用的量化模型有：HEART 模型、用户体验要素理论 Garrett、蜂巢模型、满意度模型、5E 模型、CUBI 模型、PTECH 模型（ToB）、可用性模型、NPS 模型、AARRR 模型、CES（用户费力度）等。具体衡量维度和指标如图 5-7 所示[⊖]。

⊖ T.Tullis，B.Albert. 用户体验度量：收集、分析与呈现 [M]. 周荣刚，秦宪刚，译 . 2 版 . 北京：电子工业出版社，2015.

⊖ 限于篇幅无法展示出原图，此图的高清版，请关注笔者的公众号"予芯设计咨询"获取。

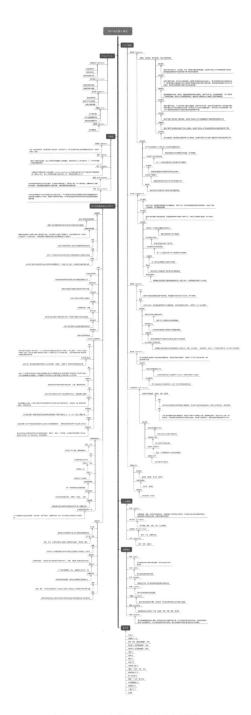

图 5-7　用户体验设计量化模型

5.4.1 搭建用户体验评价模型

通过后台的产品运营数据可以发现产品的转化率是多少，用户在各个页面的转化率又是多少，产品的核心业务在哪个流程中出现了问题，但是用户在这个流程当中为什么会操作失败，或者为什么中途放弃进一步操作，用户为什么总是浏览，没有形成实际的行动，从运营数据中看不出，因为运营数据只能告诉我们是什么，不能解释为什么，在这个时候，基于用户体验的评价体系就可以作为解读运营数据的依据，通过观察低于预期的指标来推测产品可能存在的问题，从而结合运营数据推动产品的优化，使得通过基于数据分析与挖掘的设计更加具有商业价值。

用户体验评价模型在运营上的作用还体现在对产品内容的影响。通过用户体验评价模型对产品运营内容的日常监测，不仅可以对自己的产品进行评估，还可以对竞争对手的产品进行监测，发现产品体验上的不足，通过商务引入的方式加强产品的竞争力。

单一、绝对的结果性指标可能会受多因素影响，例如，运营资源、活动策略、入口流量、网络条件等，我们要结合使用场景，尽可能从不同的维度用多种指标来进行体验分析与评估。那么从哪些方面（因素）来评价产品用户体验？每个方面（因素）包含哪些指标？不同指标对同一因素的影响力是多少？不同因素对产品用户体验的影响力是多少？用户体验评价模型的结构是否合理？这些都是我们需要关注的。

如何构建用户体验评价模型？我们需要经历以下四个过程：

1）提出假设模型，要结合商业策略和运营指标，保证模型的完整性，以及提高用户体验评价模型在公司中的地位，并获得更多的认同。

2）计算权重要，解决不同指标对同一因素的影响力、不同因素对产品用户体验的影响力问题。在计算权重的时候要重点关注产品带给用户的核心价值是什么，产品的核心业务和商业目的是什么。

3）模型验证，要解决用户体验评价模型的结构是否合理，假设的指标与因素对应关系是否合理的问题。模型验证常用方法有项目分析、信度分析、结构方程等。

4）实际运用，可以将用户体验评价体系列为产品运营健康度监测的指标。

通过以上严谨的流程之后，就可以构建出一套评价互联网产品的用户体验评价体系，可以将评价体系中各维度的指标制作成报表，实时监控用户体验设计量化数据的现状和趋势。

5.4.2 用户体验评估理论与测量工具

1. 评估理论

用户体验评估理论基于用户行为分层，结合 AARRR 模型与 AIPL 模型⊖，将用户行为分为使用前、使用中、使用后。

使用前是认知阶段，认知分为知晓和信任，我们的评估指标可以是品牌知晓、产品知晓、内容知晓、品牌信任、品牌口碑、平台信任等。

使用中是对产品进行使用并且产生认可的阶段，使用过程中的评估指标有平台安全、可发现性、内容有用、迷失程度、信息准确、操作便捷、响应及时、信息易读、系统稳定、防错、任务完成、纠错、功能齐全、易学性等基于尼尔森十大交互设计原则的指标；产生认可的指标主要有产品吸引力、客服满意度、品牌认可度、界面美观、产品服务满意度等。

使用后是关注用户是否继续使用、是否产生口碑传播的阶段，评价指标会有重复使用意愿、产品吸引力、口碑传播 K 因子等。

2. 测量工具

常见的用户体验评估工具有问卷法 [CSAT（客户满意度）、NPS（净推荐值）等]、可用性测试（SUS 得分、SUM 得分等）、用户行为数据（转化率、活跃度、留存率等）。

例如，SUM 是单一可用性度量，可用性测试 SUM 是时间（完成任务所用时间 /秒）＋错误率（完成任务过程中所犯错误数 / 个）＋完成率（0—1）＋满意度（每个

⊖ 阿里巴巴提出的消费者行为全链路可视化模型，A（Awareness）代表认知，I（Interest）代表兴趣，P（Purchase）代表购买行为，L（Loyalty）代表忠诚人群。

任务完成后的满意度评分，5 点式）的总和，SUM 是将四个可用性度量指标转化成一个分数（%）。图 5-8 展示了某基金频道可用性测试的 SUM 得分，将每个任务测得的完成率、满意度、任务完成时间以及过程中所犯错误率填入表中，可以测得该基金频道的可用性测试 SUM 最终的得分。

单位：%
90%置信区间

| 任务 | SUM | | 完成率 | 满意度 | 时间 | 错误率 |
	得分	置信区间				
T1 找到基金产品	74	62-97	81	73	68	75
T2 选择基金产品	59	38-81	66	46	63	60
T3 浏览基金详情	45	22-68	58	44	39	42
T4 购买基金产品	67	49-89	74	54	63	75
T5 查看我的基金	90	89-99	86	89	95	91
T6 查看基金收益	71	56-93	81	63	66	72
总计	68	53-88				

图 5-8　某基金频道可用性测试的 SUM 得分

从图 5-8 中可以看到，任务 T5 "查看我的基金" 的 SUM 得分最高，任务 T3 "浏览基金详情" 的 SUM 得分最低。整个基金频道的 SUM 总分是 68 分。这个测试是基于产品内不同功能做的，我们在做产品可用性分析的时候还可以通过与竞品间的横向比较测试，得知自己的产品在同行业中的可用性水平。

在 "7.2.3　可用性测试的流程" 小节中，还有更详细的案例介绍，可参考学习。

5.4.3　用户体验评价体系案例

不同类型的产品面对的用户角色不同，对体验的关注点也不同，例如企业级（B 端）产品和消费级（C 端）产品的体验评价方法和维度会有差异。此外，不同产品的功能目标不同，所以在制定体验评价体系时需要结合业务目标有所侧重。如图 5-9 所示为建立用户体验评价体系的步骤。

1. 明确产品类型、功能及业务目标

确定产品是企业级产品还是消费级产品。以某金融理财平台为例，它是消费级产品，功能类型属于商业类，业务目标是提升销售额或者 ARPU。

图 5-9　建立用户体验评价体系的步骤

2. 洞察用户需求和目标，找到用户对体验的关注点来确定衡量维度与指标

以用户为中心的度量分为认知和行为，以及用户情感与情绪。基于用户行为分层，用户达到目标需要经历认知—理解—兴趣—行动这几个步骤，无论是企业级产品还是消费级产品，都有此共性。在这几个阶段，我们根据之前介绍的模型，可以找到相应的衡量维度及指标。

通过用户洞察，了解用户对体验的关注点，如某金融理财平台的用户会关注安全（资金安全、信息安全、少出错、系统稳定、响应速度快、信息直白看得懂、易上手等）、收益（优惠吸引、额度）、功能（操作简单、入口好找）等方面，所以我们根据用户对体验的关注点来确定用户体验评价的指标，从认知和行为到情感与情绪，一共有以下几个维度：

首先是认知和行为，就是产品能引起用户注意，能让用户有进一步操作的欲望；产品内容和信息清晰准确，流程步骤让用户易理解。其次是任务的完成效率，也就是用户正确、完整地完成特定任务和达到特定目标的程度，衡量指标有点击率、跳出率等用户行为指标，衡量任务效率的任务完成率、任务完成时长、出错率等可用性测试指标，以及吸引度、易学性、一致性等需要通过调研问卷评分的指标。再次是衡量系统性能的维度，如系统稳定、响应及时等，评价指标有开启速度、卡顿率、崩溃率等技术性指标。最后是反映用户态度与情感的维度，如满意度、推荐度、费力度、忠诚度等，其中衡量用户对品牌、产品、服务的满意度的指标有产品留存率、复购率、客服满意度评分、NPS 等。

根据金字塔原理逐级细分，我们就可以组成用户体验评价体系，共有有效性、易用性、满意度 3 个维度以及 10 多个细分维度，如图 5-10 所示。

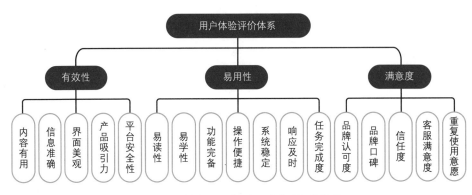

图 5-10　某金融理财平台用户体验评价体系

3. 选择测量工具及研究方法

接下来确定研究方法，我们先可以采用问卷法测量这些维度是否是用户关心的维度以及这些影响因素的权重，当了解了这些影响因素的权重与在体验评价中的占比后，我们可以根据这些维度的关联指标通过可用性测试、用户行为分析找到具体问题并进行优化。

4. 设计并投放问卷题目

将这些影响因素转换为问卷题目，将 17 个细分维度转化成 17 个关于用户感受和行为的陈述句，以 5 级评分作为评价标准。然后在问卷中增设筛选题、验证题，以便于进行下一步的问卷效度验证。将问卷投放在该金融理财平台中，对收集到的问卷进行数据清洗、整理，筛查出有效问卷。问卷题目如表 5-3 所示。

5. 验证评价模型及修正模型

将问卷数据导入 SPSS 软件，做探索性因子分析（主成分分析法）。根据信度效度验证，针对用户关注的因子分析权重，调整我们的模型。

表 5-3　某金融理财平台体验评价测量问卷

序号	问卷题目
1	该金融理财平台安全可靠
2	该金融理财平台提供的产品和服务有用
3	该金融理财平台功能完备
4	我可以通过该金融理财平台完成目标任务
5	该金融理财平台系统运行稳定
6	我使用该金融理财平台时系统响应及时
7	该金融理财平台提供的信息内容准确
8	我在该金融理财平台中可快速找到想要的内容
9	该金融理财平台操作步骤简单
10	很容易学会如何使用该金融理财平台
11	该金融理财平台页面美观舒适
12	该金融理财平台提供的产品和服务有吸引力
13	我对该金融理财平台的客户服务感到满意
14	我认可该金融理财平台的品牌
15	该金融理财平台的口碑好
16	我信任该金融理财平台
17	我愿意再次使用该金融理财平台

6. 统计得分确定权重、比较得分

将问卷中 17 个维度指标的得分按照 5 级评分，得出原始分，之后在 SPSS 中运用主成分分析法计算各指标的权重系数。再计算各指标加权分（各指标加权分 = 各指标原始分 × 权重系数）。再将 17 个细分维度加权分相加，得到 5 分制的体验总分，并转换为百分制。例如，平台安全性指标的原始分为 4.5 分，权重为 0.04，加权分 = $4.5 \times 0.04 = 0.18$；17 个指标加权后分数为 4.4 分，转换为百分数是 88 分（$4.4 \times 20 = 88$）。

衡量体系得分的比较维度包括指标间比较（优势、短板、优化优先级）、横向比较（各业务间对比、竞品间对比）、纵向比较（定期评估，进步或退步）。

7. 确定指标间优化优先级

根据体验水平与重要性两个维度将用户体验评价体系中各指标划分入四个象限，画出四分图，如图 5-11 所示。体验水平低、重要性高的区域为亟待提升区；体验水平高、重要性高的区域为优势强化区；体验水平低、重要性低的区域为提升区；体验水平高、重要性低的区域为优势维持区。

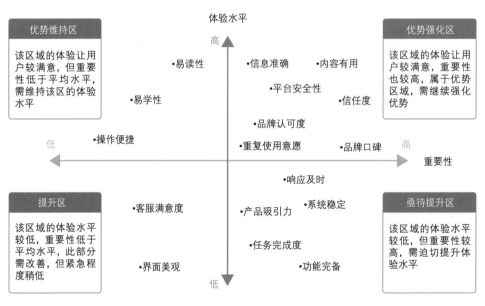

图 5-11 某金融理财平台四分图

确认好的用户体验评价体系需要自上而下的宣导和自下而上的贯彻，并且将其纳入绩效考核中。

目前中国平安等集团会根据 NPS 得分给用户体验部门考核绩效，例如，91 分及以上为优秀，89 ~ 91 分为良好，87 ~ 89 分为中等，84 ~ 87 分为合格，84 分以下为不合格。对相关业务和研发，进行绩效和工作评分。还有其他金融理财平台的用户体验设计量化体系包含 NPS(NPS 内容、问卷回答工具、数据展示工具）、用户反馈（应用市场、APP 内用户反馈、客服电话、体验自查）、关键流程转化（转化漏斗、业务失败率、黄金页面加载速度）、系统性能（客户端、服务端、H5 页面）、专项研究（问卷调查）几个方面。NPS 报表包含整体平台的 NPS 总评分，下级是每个业务（如小金库、基金、借贷、支付、生活业务）的 NPS 打分。然后评价维度又分为业务功能、使用流程、品牌形象、客户服务、用户运营等。将每个维度继续细分，比如，业务功能包含一些子项（资产收益、功能场景、还款延时等），使用流程会从持仓体验、转入体验、信息展示等方面评价，品牌形象包含品牌背书、人文关怀等，客户服务会从客服响应速度、客服沟通等方面评价，用户运营会根据会员权益、运营活动来打分，打分项又分为产品贡献及子项、关注度、NPS、子项贡献度。

这些分数通常通过用户调研而来。通过用户调研问卷中的问题和用户评价可以得知问题出在哪里，通常在前端收集用户评价的时候，在用户选择完分数以后，接着让用户填写原因，在用户评价详情中我们就可以看到各影响因素的权重。例如，针对流程体验，我们将 0 ~ 6 分定为差评，7 ~ 8 分为中评、9 ~ 10 分为好评，在使用流程—转入体验中，在一些方面进行测评，在测评问题对应的每个分数下面会让用户选择差评是因为哪几个方面做得不好；如果用户给了好评，会让用户选择哪些方面做得好。测评问题包括：①小金库转入按钮很好找；②转入时，绑新卡很方便；③支付操作简单；④支付限额高，很少遇到银行卡限额；⑤支付提醒清楚、及时、可以引导我进行正确操作等。这些问题基本上是可用性方面的问题。这样就能知道出现差评的问题出在哪里以及影响的权重。在用户 NPS 测评统计中，除了整体 NPS 测评，我们还可以对每个业务部门的 NPS 进行测评和比较，进而找到需要提升的地方。

本章介绍了如何制定设计目标，设定衡量指标与指标体系，建立用户体验设计量化标准。希望本章介绍的案例能对您有所启发。下一章，我们将介绍如何进行竞品分析，通过最佳增长实践指导设计，得出设计驱动增长的策略。

第 6 章　进行竞品分析、明确增长重点，得出设计策略

6.1　如何进行竞品分析

竞品分析就是找到有代表性的同类产品，对比产品之间的优势、劣势，找到差距、亮点和不足，发现产品的突破口。作为一名设计师，为了更好地做出设计方案，指导我们进行设计优化和改进，在工作中我们常常需要做竞品分析报告，了解竞品是通过什么样的方法实现业务目标与用户目标，帮助我们理解业务，得出设计方向。有时候通过竞品分析可以发现一些用户反馈不错的功能点，形成需求。在设计评审时我们也可以将竞品分析作为设计依据，增加方案的说服力。但在实际工作中，我们会发现一些设计师往往复制了竞品的表象，没有了解竞品这样设计的原因。我们应该多拿同类型的优秀的产品或卓越的功能进行对比，思考为什么这么设计，从设计技法反推出产品需求和设计目的。这里值得一提的是，可以运用生成式人工智能工具来提升分析效率，如使用 ChatGPT 做一个订票 APP 的竞品分析，它是高效整合内容的搜索引擎，能够快速地整合高价值内容。

那么如何进行竞品分析呢?

6.1.1　明确目标

先看做竞品分析的目标是什么，带着明确目标的竞品分析往往精准又有效。

比如，想要新上或是优化一个功能、一个新业务，由于之前完全没有接触过，需要大量直接或间接地参考竞品，这样就需要出一份比较完善的竞品分析报告，而且在分析产品时不能仅局限于表现层的设计，而是要全面学习产品的各方面，了解产品满足了用户的什么需求，竞品做得好的原因，和竞品之间的差异点，产品是否有亮点，竞品的差异点是否适合自己的产品。

又如，想通过对比同类竞品的流程，优化自己的产品的流程体验，进而提升转

化率，那么此目标的竞品分析主要在分析用户操作路径上，第一步就是安装好应用，将核心流程都走一遍并截图。按照 User Flow（用户流程）将它们全部摆放在画布上。在此之前你需要对核心流程做一些定义，比如，机票类业务的常规搜索、查看详情流程包含哪些页面。这样在对同类产品做对比的时候，你才能看到差异，然后从体验维度进行详细分析。

6.1.2　明确不同岗位的侧重

产品设计竞品分析报告通常侧重分析以下几方面：

1）产品形态：产品面向的用户是企业端还是消费者端，终端类型是手机客户端还是其他智能终端产品，技术类型是原生还是网站等；

2）逻辑架构：产品的操作流程、信息架构；

3）产品功能：列举竞品的功能并进行对比，找到亮点功能并进行分析；

4）交互评估：参照尼尔森十大交互设计原则；

5）视觉评估：视觉表现如形、色、字、构、质、动以及还原产品的程度。

不同岗位、不同分析目标，对竞品的关注点各有侧重，根据岗位和分析目标在竞品分析报告中择取侧重点，对侧重点增加篇幅，多做一些研究和分析。

6.1.3　从"用户体验五要素"分析目标

一份包括 6.1.2 小节所述侧重点的完整的产品体验竞品分析报告应该从"用户体验五要素"着手，五要素如下所示：

1）战略层：分析竞品的产品定位、商业模式、市场占有率、用户画像、用户需求等，关乎产品的商业价值。明确我们要通过这个产品得到什么（业务目标），我们的用户要通过这个产品得到什么（用户需求）。战略层解决的是产品方向的问题，是根本中的根本，这也是《用户体验要素》⊖ 一书一直强调的观点，不要把用户体验局限在设计的范围内，要追溯到产品战

⊖　加勒特 . 用户体验要素：以用户为中心的产品设计 [M]. 范晓燕，译 . 北京：机械工业出版社，2019.

略层面。

2）范围层：分析竞品提供什么功能和服务，包含核心功能、次级功能、功能架构、业务流程等模块。分析某个功能是否应该成为该产品的功能之一，以及各种功能的组合方式。比如功能型产品和内容型产品，在功能分析时侧重点亦有所不同，共性是都要明确哪些功能满足用户需求，是否可用。

3）结构层：分析竞品的交互设计和流程结构、信息架构、常规功能、特色功能。分析用户如何到达某个页面，在他们做完事情之后能去哪里。针对某个具体模块，竞品面临的问题和我们的产品面临的是否一样，有哪些功能亮点，我们能做哪些优化。

4）框架层：分析竞品的界面设计、导航设计、信息设计、体验操作、刷新、页面跳转等。该部分主要是对一些细节的考究，界面设计考虑交互元素的布局，如按钮、表格、照片和文本区域的位置是否达到这些元素的最大使用效果；导航设计考虑对用户的引导，功能的可发现性如何，用户能否快速发现重要功能，用户能否注意到次要功能；信息设计考虑传达给用户的信息要素的排布。可以用尼尔森十大交互设计原则来评估，比如，状态可感知、贴近用户认知、操作可控、一致性、防错、易取、灵活高效、优美且简约、容错、人性化帮助等。

5）表现层：分析竞品在视觉上的设计风格，产品的图片、布局、文字、配色的表现样式以及品牌形象传达等，可通过色彩舒适度、文字的主次、信息可读性、UI识别性、交互与易用性、思想、生活的传达、微小的细节和创意，以及生活中表现手法的引用、隐喻、设计表现技法等要素来分析。可以利用 3F[⊖] 法则来判断是否是好的视觉设计。

根据分析目标，确认竞品分析的维度。某订票平台预订流程优化的竞品分析具体流程如表 6-1 所示。

在选择竞品的时候要结合自身业务特征，寻找体量相近的竞品，来优化该订票平台的机票预订流程。找竞品时候要考虑自己的平台代理的航司数量的多寡。代理的数量多，机票产品就会比较多；代理的数量少，能直飞目的地的航班就少，机票产品

⊖ 3F 是 Form、Feeling、Function 三个英文单词首字母。Form: 审美层，好不好看，视觉上是否吸引，颜色是否和谐，字体是否搭配；Feeling: 是否传递了意图信息，传递的信息是统一，能否引起情感共鸣；Function: 是否满足设计目的，是否易于理解，是否可使用。

就比较少，这将影响用户能否找到自己想要的机票产品，以及预订流程中机票搜索结果页的信息展示。OTA 也有很多家，如携程、飞猪、同程、去哪儿等，大部分用户在预订机票时都会去 OTA，因此 OTA 的用户量较多，用户对 OTA 的页面展示及购买流程比较熟悉，相较而言其购票体验值得参考，在选择竞品前可以找一些行业报告以了解哪家 OTA 的用户人群与自己的产品的较一致。用户相似度高的竞品更适合作为参考。

表 6-1　某订票平台的机票预订流程优化的竞品分析

竞品分析目标	业务目标	提升机票的销售额，提升机票预订流程的转化率
	用户目标	便捷地购买机票
	设计目标	提升购买效率
同类竞品	大型（比产品规模大的）	携程、飞猪
	同类型	骑鹅旅行、天巡
设计岗侧重	产品形态逻辑架构、产品功能、交互评估、视觉评估	
用户体验五要素分析	战略层	竞品如何触达用户？有哪些渠道？是否区分不同类型的目标用户？有哪些细分场景？（营销策略）
	范围层	竞品如何让用户快速地找到适合的机票产品？提供了哪些做决策的依据（运营策略），比如有什么特色功能和服务？
	结构层	针对每个渠道引流进来的不同类型目标用户的预订流程是否一致？每个细分场景的预订流程是否一致？有哪些功能亮点？（逻辑结构）
	框架层	竞品在用户购买机票的操作上是如何设计的？界面元素设计是如何展现的，有何特色？是否达到最佳效果？
	表现层	在设计细节上有哪些亮点和特色？

6.1.4　竞品分析的步骤

找到了适合的竞品，确认了分析维度，接下来我们就开始进行竞品的分析。

1. 走查用户流程

找到竞品与用户触达的方式，比如，是否在抖音、今日头条、百度等渠道投放广告，走查其预订流程。比如我们发现某 OTA 平台，投放的单条航线，用户点击直接唤起该平台小程序跳转至对应的航班列表页面，流程较精简。

找到竞品 APP 中的各入口，走查其点击进去的预订流程。比如，我们发现某 OTA 平台从运营活动及主流程入口点击进去的预订流程不一样，从运营活动单条航线点进去直接进入航班列表页面。

根据不同场景，例如，单程、往返、多程，以及不同航线性质（如商务航线、旅游航线），走查其预订流程；我们发现大多数 OTA 平台在往返程的机票列表选择上采用了双栏的形式，减少了有往返程需求用户的复杂操作流程。之前用户购买往返程机票需要在去程和返程航班列表页反复切换对比时间和价格，双栏形式减少了反复切换的步骤。

根据不同身份特征，例如，按用户未注册、未登录，已注册、未购买机票，已注册、已购买机票，是否为会员，不同会员等级的区分走查其预订流程；比如某 OTA 机票预订平台，单程新用户在乘机人信息填写页可以直接输入信息，不需要新建乘机人信息，并且可以保存自己输入过的信息，减少了下次进入再输入信息等工作。

我们还发现在某 OTA 机票预订平台有极速订票模式，在机票搜索结果页下方导航栏中可打开极速模式，相比普通模式，极速模式的内容更简洁。极速模式根据用户行为习惯将机票和增值服务产品进行组合打包售卖，去掉了增值服务产品选购页，将乘机人信息填写页与舱位选择放在同一页面，选好直接跳转到支付页，缩短了订票流程，三步即可完成机票预订。以上这些设计都是可以借鉴的，通过缩短操作路径、简化流程来提升机票预订的转化率。

2. 特色功能及亮点分析

在帮助用户快速地找到适合的机票产品和为用户提供做决策的依据上，我们发现了以下特色功能和服务：

- 在预订机票的过程中，通过内容引导为用户提供做决策的依据的同时减少了用户操作。根据用户的历史记录推荐特价机票或者曾经搜索过的机票，帮助用户快速预订。通过对用户的历史行为数据进行分析，为用户高频查看的内容或者相似内容做推荐。例如，OTA 在首屏推荐机票已降价版块，显示比上次搜索低了 ×× 元，吸引用户购票；精选推荐的第一个航线就是上次用户搜索过的航线等。对产品的功能和内容进行优化，符合用户的个性化需求，创造优质体验。

- 在机票搜索结果中如果没有合适的方案，会有临近航线推荐、未来价格预测等，帮助用户做决策。

- 保留用户使用习惯，通过缓存内容，减少操作成本。比如对用户输入的历史内容进行缓存处理，尤其是当输入内容较多再次触发操作时，用户只需确认即可；比如在机票搜索控件通过历史记录保留航班信息，点击后可直达搜索结果页，省去中间选择城市和日期的步骤。点击历史记录仅变更城市，减少了操作步骤。

3. 交互与视觉设计分析

下面以往返程双栏形式设计为例进行交互与视觉设计分析。

- 在往返价格的展示上，运用"加价模式"来展示往返机票价格，无论是"往返总价"，还是"不含税价""人均价"，"加价模式"在双栏设计下的易懂性均比传统分页设计下的"往返总价模式"更容易理解。

- 在定位方式上，用户点击已选航班后，回显即可快速定位至该已选航班的位置。

- 在手势交互上，对横向滑动手势做了更细致的逻辑判断，当用户首次选择某一个去程航班时，将会自动展开返程航班，返程栏展开时，禁用手势。相对于常见的蒙层式的用户引导，它更加灵活，用户在顺滑的动效中更容易学习和接受新的交互形式。通过交互动画、渐进式的信息实现更清晰地表明层级关系，同时提升产品视觉品质。

- 在按钮上，航班卡片增加选中态及"下一步"按钮。用淡橙色作为选中态的颜色，相对于淡蓝色，黑色的信息文本及蓝色的价格数字在淡橙色背景下的对比度表现更佳。

4. 确定提升的要点

通过竞品分析，我们从用户体验五要素入手确定可以提升的要点。

1）战略层。根据目标用户、不同场景，提供更精准的内容、更适合的产品及服务，如低价推荐、临近航线推荐等。

2）范围层 / 结构层。可以借鉴的点在于预判用户行为，简化预订流程、缩短用户操作路径。从流程步骤对标来看，某订票 APP 的机票预订流程步骤烦琐，没有细分场景，流程千篇一律；主要体现在往返 / 中转预订时航班列表和增值服务页需要重复选择，往返界面相似，用户容易误操作。提升作法如下：

- 简化往返预订流程，往返航班双栏选择，组合产品打包出售；
- 辅收产品往返选择合并；
- 支付页可选择以浮层样式展示；
- 测试极速模式，在购票时去掉增值服务产品售卖，在购票完成后推荐增值服务产品。

3）框架层 / 表现层。

① 减少重复操作，为用户节省时间提升效率。

保留用户使用习惯，缓存内容，减少操作成本：点击历史搜索记录，可直达搜索结果页，根据用户历史搜索数据推荐相关航线；尝试用微动效吸引用户注意力，突出重点，符合逻辑，不增加额外操作，不干扰用户。对于信息告知有长远帮助。

② 通过微交互设计提高业务效率，体现引导与关怀。

- 提升数据操控感；
- 提供足够便捷的筛选或操控组件，方便用户查看更多视图空间，快速定位想要的内容；
- 提供机票票价对比：运用柱状图展示不同日期的机票票价，能从中直观看出价格间的差异，点击图表后，可切换到该日期，查看具体航班资讯；
- 提供机票低价提醒：机票的价格是浮动的，可通过低价提醒的设置，主动提示用户票价已到达该预期价位，设置时如果价格设置得过低，到达的可能性更低，因此以价格滑动条操作，并以绿橙红表达成功率的高低做提示；
- 在机票详情行程模块，可视化展示飞机外观、准点率、座椅舒适度、餐食等信息，并将座椅的长宽高数据通过可视动画表达等。

以上只是抛砖引玉，在竞品分析的时候，最主要是从我们的分析目标出发，按照用户体验五要素拆解竞品的产品设计，找到亮点。我们需要从目标用户出发、细分场景，结合业务特征来进行分析。要结合竞品分析，梳理我们的设计目标和策略，形成方案，并在上线前用 A/B 测试找到最佳方案，并不断迭代优化。

6.1.5　通过数据分析找到与竞品间的差距

在做竞品分析时，可以根据自己选取的体验度量维度指标（如满意度、任务完成度、操作次数、操作步长、操作时间等）对竞品和自己的产品进行打分。通过问卷调研、可用性测试等调研方法获取与竞品的对比数据，以便找到自己的产品与竞品的差距，方便后期跟踪优化后的提升效果，具体的方法将在第 7 章介绍。

6.2　明确增长重点

AARRR 增长模型将增长分为 5 个阶段，即获客（Acquisition）、激活（Activation）、留存（Retention）、商业变现（Revenue）、用户推荐 / 自传播（Referral），该模型被广泛应用于各个行业。

根据市场周期、产品阶段、产品品类的不同，增长的侧重点也会有些变化。在了解增长重点前，我们需要问自己下面几个问题：

1）你的产品在市场中处于什么阶段？是增量市场还是存量市场？如果是增量市场，那么 AARRR 的重点是获客，抢占流量红利，例如，拼多多抢占了下沉市场用户量，那么下沉市场作为增量市场还可以持续挖掘，继续获客。如果是存量市场，那么重点是留存和变现。如果要通过优化产品和服务，从每个用户身上获得更多的价值，那么就需要进行精细化运营，提升留存率和复购率，增加增值服务，提升客单价和 ARPU 值，增加新的使用和付费场景，或者寻找新的增量市场。比如同样是电商，在存量市场也会深耕新零售、打造本地生活服务等。

2）产品处于生命周期的什么阶段？产品生命周期分为四个阶段，即探索期、成长期、成熟期、衰退期，可通过活跃用户数和时间两个维度来判断产品的生命周期。在探索期，关注 PMF 也就是留存，从探索期到成长期关注获客，从成长期到成熟期，关注获客、留存、变现。从成熟期到衰退期，关注留存、变现或者将老用户迁移到新产品上，进军新市场、开发新生产线，寻找第二增长曲线。

3）产品属于哪个品类？我们将市面上的产品分为以下几个品类：

- 平台型：大众点评、飞猪；
- 工具型：墨迹天气、百度地图；
- 内容型：抖音、优酷；
- 游戏型：王者荣耀、三国杀；
- 社交型：QQ、微博、微信；
- 电商型：淘宝、天猫、携程；
- SaaS：GrowingIO、飞书；
- 混合型：小红书、Keep。

按用户付费意愿和社交属性两个维度分出四个象限，我们将所有产品品类填入对应的象限中，如图 6-1 所示。

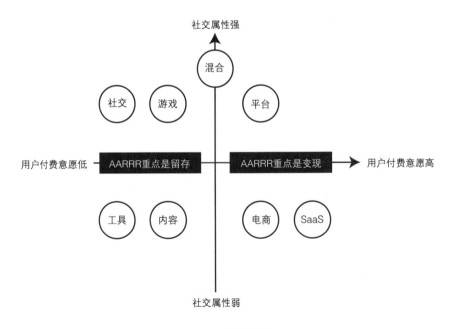

图 6-1　产品分类

可以发现，社交属性强、用户不会直接付费的产品主要为社交、游戏型，我们可以通过引导用户形成高频互动，建立网络效应，通过"老带新"获客，为长期变现打基础，所以这类产品的增长重点是留存。社交属性弱、用户不会直接付费的产品主要为工具型、内容型，我们需要培养用户结合不同场景形成使用习惯，抢占用户时间，这类产品的增长重点依然是留存。用户社交属性弱、用户会付费的产品主要为 SaaS、电商型，我们要通过优化付费转化路径、提升复购率，支持产品长期增长，这类产品的增长重点是变现。社交属性强、用户会付费的产品主要为平台型，留存和变现要两手抓。对于平台，供需平衡才能促成交易。混合型产品既要关注留存又要关注变现。

6.3　通过增长模型做最佳增长实践分析

AARRR 模型是通过用户生命周期来构建整个产品增长的框架，因此我们可以通过对焦产品的商业目标，来确保该产品有明确的增长目标，同时也能够帮助团队成员在规划产品蓝图时形成共识，排定优先级。除此之外，AARRR 模型的不同阶段所关注的关键绩效指标也有所不同，团队成员可以将这些明确的指标作为参考，定义产品上线之后用于衡量成功或失败所需观察的数据。

让我们看看如何用 AARRR 模型来帮助制定商业目标与设计策略。

6.3.1　获客

1. 什么是获客

获客（Acquisition）是指获取新用户，也就是所谓的"拉新"。企业建立品牌、推广、营销的目的就是拉新获取新客户。企业一般会通过以下方式来获客：传统的方式有品牌广告、线下地推、公关传播、资源合作等，还有基于互联网标签技术的精准广告，如手机预装、应用市场、短信营销、网站联盟、邮件营销、ASO（应用商店优化）、SEO（搜索引擎优化）、SEM（搜索引擎营销）、CPA（按行动付费）等，以及采取老带新的裂变分享活动拉新。

推广可分为品牌曝光类投放和效果类广告投放两类：

1）品牌曝光类广告投放：一般是有一定知名度的品牌，更多是以曝光、到达目标受众为目标，通过重复的广告曝光，影响消费者对品牌的心智，对 KPI 的考核与效果类广告也会有较大差异，更侧重于曝光、到达（Reach），甚至"二跳"（CTR）等。

2）效果类广告：在电商、游戏等行业的业务投放中更常见，通常客户比较关注转化率，对广告的展示和曝光环境没有特殊要求，典型的结算方式有 CPS（按销量付费）、CPA 等。

投放广告的目的是抢占用户心智，给用户提供一种选择自家产品的可能性。

2. 设计师如何辅助提升获客效果

1）让传统曝光类广告易被用户记住。传统方式如曝光类的地铁广告、户外广告一般很难衡量其产生的直接效果。设计师可以通过以下方式优化：先明确场景，传统的广告在一堆杂乱的现实世界中，必须非常硬朗、迅速地让用户看到并记住，尤其是户外广告，简单、直接、重复是很有必要的，在视觉上，保持品牌调性的一致性。文案朗朗上口，给用户一个有力的符号或主张并在视觉上突出。不需要有情节创意，而是让用户直接能获取利益和信息。

2）在品牌广告中增加互动方式。通过互动方式尽可能保留、转化用户，增加品牌与用户下一次接触的机会。引导用户与品牌建立连接，如强化客服联系方式、推荐关注微信、给出搜索关键词、引导进入微信社群等。目前有很多公司已经在线下广告上贴上二维码进行效果跟踪，在不同场景的不同入口编辑不同的跟踪码，并以扫描二维码的形式通过扫码率、新进群"粉丝"数等数据追踪广告效果等。设计师可以根据测试效果调整和优化设计稿，有条件的甚至可以线下观察用户的观看方式并进行调研，以获得用户对广告的感知及态度。在"7.2.6　设计方案测试方法三：眼动测试"小节中，可以进一步了解。

我们通过场景营销为产品找到具体的消费环境（时间、地点、心情、状态）来提高购买转化，并且做好品牌接触点，如航空公司的订票网站、会员商城，空姐的着装和话术，值机柜台，机场的蛇形插牌，机身，机上行李盖板、小桌板和座椅头套等都是品牌接触点，都具有用户体验的细节。任何接触点都是有品牌展示和传达机会，是可以进行设计优化来实现商业目标的。

效果类广告中传统的邮件营销、短信营销以及各个推广渠道（如视频信息流广告等），可以通过测试短信话术的表达来优化邮件和短信的打开率。而设计师可以做的是增加视觉吸引点和互动引导、缩短转化路径、优化话术和 Banner 或者落地页来提升转化，在第 8 章中我们将通过具体的案例来详细分析设计如何发力。

6.3.2　激活

1. 激活的定义

用户激活（Activation）主要是指引导用户完成产品的关键路径，指导用户发现产品价值并反复使用产品功能。根据用户生命周期，通过用户留存率高低与时间长短两个维度将用户激活和留存分为四个阶段：新用户阶段分为新用户激活、新用户留存，老用户阶段分为长期用户留存、流失用户召回。

新用户激活是用户首次发现产品价值的关键节点。一般在新用户来了以后的 1 天到几天内，我们要让用户感受到 Aha（顿悟）时刻。那么找到 Aha 时刻是我们的激活目标。

如何找到 Aha 时刻？我们可以通过定性定量分析找到用户关键行为和魔法数字，提出几个假设；我们可以通过关键问题来提出假设，例如，谁是用户？用户想解决什么问题？用户为什么要解决这个问题？用户还有其他方法可以解决这个问题吗？例如，钉钉的 Aha 时刻是团队内部发送 2000 条信息，那么其激活策略就是通过新用户引导鼓励邀请团队。Airbnb 的 Aha 时刻是 6 个月内完成首次订单，并且有 4 星以上的评价，那么其策略就是简化订单预订流程，推荐评价好的房源。

我们也可以构建新用户激活漏斗确定流失步骤，找到机会点，通过不同流程漏斗、点击热图、轨迹细查等工具以及用户访谈方法，寻找干预用户激活的切入点。通过观察活跃用户与流失用户之间的行为差异，分析行为差异后的用户核心诉求；通过产品和运营手段满足流失用户的诉求，促进激活；基于 A/B 测试改进产品，降低流失率。

2. 激活的影响因素

新用户激活位于流量入口，提升新用户激活率对于后期的用户留存和变现大有裨益。影响新用户激活有哪些因素？我们可以结合福格行为模型[⊖]与 Lift [⊜]模型，推导出

　⊖　福格行为模型以 B.J.Fogg（布莱恩·杰弗里·福格，斯坦福说服力科技实验室主任）命名，模型公式　　　是 B=MAP，表明一个行为（Behavior，简写为 B）得以发生，行为者首先需要有进行此行为的动机　　　（Motivation，简写为 M）和操作此行为的能力（Ability，简写为 A）。接着，如果他们有充足的动机　　　和能力来施行既定行为，他们就会在被诱导 / 触发 / 提示（Prompt，简写为 P）时行动。
　⊜　WiderFunnel（一家致力于为企业提供 A/B 测试驱动网站优化方案的创新企业）提出的 LIFT 模型是十　　　分厉害的优化 "武器"，LIFT 模型的核心是其六大优化因素：价值主张、相关性、清晰度、紧迫感、　　　焦虑感、注意力分散，具体介绍见本书 8.4.5 小节。

用户行为 =（动力－阻力）× 助推＋奖励，分析影响用户行为的动力、阻力，并通过助推因素和奖励因素帮助用户转化。其中动力和阻力是主要因素，助推和奖励是次要因素。动力是指用户在期待某种回报时而行动的最直接原因，我们通过助推加强引导用户自身需求强度和迫切度，增加用户完成行为的动力。阻力是影响用户在完成行为时的阻碍，减少阻力才能促进转化。助推是引导用户完成激活行为，而奖励是对用户完成行为后的奖励。

（1）影响动力的因素

1）产品定位与用户群体的匹配度：匹配度越高，用户越能感受到产品的价值。如果我们能更精准地拉新，并且通过设计手段引导用户，加强与用户的沟通，帮助用户理解，那么激活转化会更高。

2）产品功能、流程的完善度：产品功能完善，流程顺畅，用户才有安全感，能明确地感受到解决自己的问题使用这一个产品就够了，不需要在多个产品之间跳来跳去，这要求设计师对整个产品信息架构的设计要更加合理。

3）场景的契合度：场景对应的需求越高频越刚需，用户的需求越迫切。设计师需要排查流程界面，将相关的功能入口展示在合适的场景，形成闭环，方便用户找到解决问题的方法。

4）运营手段的丰富度：通过运营手段抓住用户某一种心理，从而提升动力。运营手段包括：①从众性，如社区产品中提醒用户，你关注的用户还关注了哪些内容；②稀缺性，如电商产品中的秒杀活动，限量发售；③承诺和一致性，小承诺容易被答应，人们习惯于与先前的承诺保持一致；④社会认同，利用从众心理，让用户看到其他人的行为进而影响用户的行动；⑤权威性，人们更倾向于哪些具有权威认证的第三方机构；⑥提前展示，将完成后可得到的奖励在完成前展示给用户，促进用户脑中多巴胺的分泌。

（2）影响阻力的因素

1）产品特性。某些产品让用户达到 Aha 时刻的时间太长，用户很容易因为长时间得不到正向反馈而感受到继续和持续行动的阻力。比如像人人都是产品经理等社区产品，通常会对内容生产者进行流量的激励和扶持，在优质内容还没有被大量用户发现的时候，通过激励和扶持减少阻力，使内容生产者可以坚持下来。所以在设计产品的时候，需要考虑到流量曝光的入口有哪些。

2）认知和操作成本。表现为用户本身对互联网产品的熟悉程度及水平，也考察产品的文案、交互等展示出的信息是否表述清晰、易理解，并且前后一致、逻辑自洽。设计师要通过清晰的文案和设计，去掉用户在完成整套用户行为路径时障碍和认知负担。降低用户行为成本，针对用户路径，进行减法操作，消除无关用户目标的环节，简化路径至最简。用户使用的产品越简单，对用户的消耗就越少，用户完成整套行为路径的概率就会越高。

（3）影响助推的因素

助推就是给用户引导和提示，刺激那些能力很强但动机不足的用户采取行动；帮助那些动机很强但能力很差的用户采取行动；帮助那些动机和能力都很强的用户沿着正确的方向前进并鼓励他们重复行动。生活中常见的提示类型包括自我提示、情境提示、行动提示[⊖]。

助推的方法有减少直觉迷惑、提供容错空间、优化默认选项、提供充分信息、简化选择体系来优化决策环境。例如，设计师通过动效、差异、颜色、大小、兴趣等设计手段吸引用户的注意力、给用户特别的好处（如提供零元试用、大额优惠券等无法拒绝的好处）、引导直觉行为、引发用户的好奇心（如设计模糊的照片以吸引用户点击浏览）、默认选项（给一些默认选项能让用户更容易产生行动）。

（4）影响奖励的因素

斯坦福大学神经科学家布莱恩·克努森通过研究发现，驱使我们采取行动的并不是奖励本身，而是渴望奖励时产生的迫切需要。通过心理学的研究，用户如果能够预测下一步会发生什么，就不会产生喜出望外的感觉。当用户习以为常的因果关系被打破，用户的意识会再度复苏，新的特殊事物激发了用户的兴趣并吸引了用户的关注，使用户持续不断地使用产品。所以影响奖励的因素是一种心理上的满足。

奖励主要有社交奖励、猎物奖励和自我奖励三种类型。①从产品中通过与他人的互动而获取的人际奖励属于社交奖励；②从产品中获得的具体资源或信息属于猎物奖励；③用户被目标驱使着去完成并享受这个过程，从产品中体验到的掌控感、成就感，属于自我奖励。

⊖　行动提示是将你已经在做的行为当作提示，以此来提醒你为培养习惯采取必要的行动。行动提示就是锚点，锚点时刻意味着一个确切的时间点。

丰富奖励的内容与形式，并且在设计上给予用户及时反馈，就能给用户更多心理上的满足。

3. 四大因素提升激活率

接下来看看成功的产品是如何增加动力、减少阻力、助推和奖励的，如表 6-2 所示。

表 6-2　提升激活率

影响因素	手段	产品或者做法举例
增加动力	提升对产品的信任度； 好评信息； 新用户红包； 与用户沟通，加强理解与引导； 体验个性化； 游戏化	全民 K 歌、拼多多、支付宝刮刮卡、脉脉、携程、小红书； 登录的小鱼苗
减少阻力	简化激活流程，减少需要填写的非必要信息； 让产品功能容易理解和上手，减少用户到达 Aha 时刻的时长； 减少给用户的选择，简化功能路径，降低新用户的使用难度	拼多多一键登录，小红书引导新用户发文
助推	新手引导，开机引导页、进入产品后的关键功能弹窗引导，产品说明文档； 引导辅助，微动效； 提供信号	美团优选、京东优惠券、美团外卖、京东
奖励	及时奖励； 及时反馈	脉脉等

增加动力可以通过提升对产品的信任度、新用户红包、与用户建立沟通、提供个性化产品体验、游戏化，提升用户快速行动的动力。

（1）增加动力

1）提升用户对产品的信任度：利用社交关系、跟风、降低试错成本等。如图 6-2 所示，我作为一个全民 K 歌的新用户在登录后，APP 会告诉我有多少微信好友也在玩 K 歌（见图 6-2a），并且给我推送朋友的动态引导我"关注"（见图 6-2b），在动态卡片中还有"送礼"等引导（见图 6-2c），鼓励用户间建立联系，提升了新用户的信任感，也给了用户个性化的体验。在任务中心可以通过做任务免费获得 3 朵鲜花（见图 6-2d），一方面引导用户如何使用 APP 发生激活行为达到激活目标，同时提升用户活跃度。

a)   b)

c)   d)

图 6-2　全民 K 歌示例

用这种利用社交关系方式的还有拼多多，如图 6-3 所示，商品首屏实时滚动提示用户好评信息与拼单成功信息，让人感觉商品销售得非常火爆（见图 6-3a、b）。"××× 刚刚发起了拼单"或"拼单成功"展示了用户的头像，以及商品拼单件数（见图 6-3c、d），在低价刺激的同时，也体现出用户的真实性和有保障的销量，提升了用户对商品的信任度。

a)

b)

c)

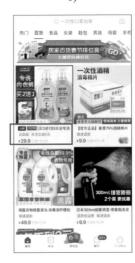

d)

图 6-3　拼多多示例

2）送红包、集福卡、送新人福袋等：给用户专属性、惊喜感。如图 6-4 所示，考拉海购为新用户发红包。还提供新人会员价商品、新人福袋等。拼多多也会发新用户专属礼包。

a)

b)

c)

d)

图 6-4　考拉新用户红包示例

支付宝春节集福卡刮开的全民保，如图 6-5 所示，每张福卡在刮一刮后在大部分情况下都能刮出合作商家的优惠券和红包，提升首单率。在红包详情页会提示该红包"明天即将过期"，领取页面的"超 500 万人已购买"的提示起到了助推的作用。

a)

b)

c)

d)

图 6-5　支付宝—全民保新用户红包示例

3）与用户沟通，加强理解与引导：如图 6-6a 所示脉脉在新人登录的时候，会向用户获取微信通讯录资料，并且告知用户为了方便找到更多好友上传通讯录。如图 6-6b 所示，携程在新用户登录的时候，会引导用户进行实名认证，告知用户是为了保障资金安全，并且可以享受特权服务，以及能为用户提供什么好处。购买机票时，如果遇到特殊情况，会反复告知用户需要注意的事项。加强与用户的沟通，获得理解。如图 6-6c、d 所示拼多多在空白页会告知用户原因，并且引导用户操作；或者告知用户该处有什么功能，能解决什么问题。

| a) | b) | c) | d) |

图 6-6　新用户登录示例

4）个性化，产品体验个性化：根据用户偏好、消费历史推荐等给用户想要的定制内容来增强动力。如图 6-7 所示的唱吧和小红书，新用户注册时选择感兴趣的信息，为其推荐内容。

5）游戏化：提升用户快速行动的动力。如图 6-8 所示，新用户注册叮咚买菜以后，将获得小鱼苗，提示用户喂鱼；如果喂鱼，需要饲料，如何获得饲料呢？那就要每日通过做任务来领取，这跟蚂蚁森林和蚂蚁庄园还有多多果园有异曲同工之妙。

（2）减少阻力

减少阻力的方式有简化激活流程，让产品功能容易理解和上手，以及减少给用户的选择。有些应用会通过体验良好的新手教程来吸引新用户。

a)   b)   c)   d)

图 6-7　唱吧和小红书产品体验个性化示例

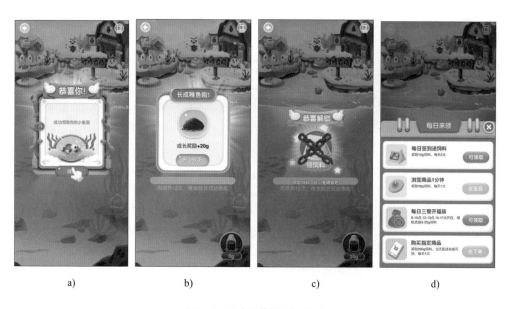

a)   b)   c)   d)

图 6-8　叮咚买菜游戏化示例

1）简化激活流程：减少需要填写的非必要信息。如图 6-9 所示，拼多多的登录方式以微信为主，门槛较低。登录成功之后可以一键同步微信资料（见图 6-9a、b）。即使卸载 APP 重装后，依然可以自动登录原有账号。拼单流程也简化了，无论是发起拼单还是参与拼单，都可以点击购买直接进入收银台（见图 6-9c、d）。

图 6-9 拼多多简化流程示例

2）让产品功能容易理解和上手：减少用户到达 Aha 时刻的时长。如图 6-10 所示，小红书主要功能是引导新用户发笔记，在导航栏中间最明显的按钮上增加动效引导（见图 6-10a、b），用户顺着引导操作很快就能顺利完成发布笔记的任务（见图 6-10c、d）。

a)

b)

c)

d)

图 6-10　小红书引导新用户发笔记示例

3）减少给用户的选择：用户在 APP 上停留的时间有限，尽量减少用户多余的操作，不断引导用户产生无意识的操作才是关键。不要让用户思考、做选择，要让用户自然地按流程走，从理性的参与变成无意识的操作。同时也要突出关键行为路径，让图片、文案内容清晰，增加信息相关性。有些应用会通过体验良好的新手教程来吸引新用户，这在游戏行业尤其突出。比较常见的做法是给予用户最初的引导以及简化功能路径，降低新用户的使用难度。

（3）助推

助推是提示用户采取行动，影响因素有用户决策速度，即是否在关键时间窗口内，是否在新用户激活期以及有无触达用户的渠道。如果用户未完成激活操作，则及时通过推送等形式把用户拉回产品里，让用户继续试用产品直至用户感受到 Aha 时刻。助推可以通过多种方式刺激用户激活。

1）在适当的时候给予新手引导，如开机引导页、进入产品后的关键功能弹窗引导、产品说明文档等。如图 6-11 所示，美团优选通过一些优惠让用户在平台进行第一笔消费，加深用户对产品的使用印象。其他比较典型的案例还有京东新人大礼包和饿了么首单大额减免等。

2）引导辅助提示：用户已经有了动机，但在操作过程中遇到了困难或不知道怎么做，进行不下去时，用户很可能会流失，所以我们需要提供恰当的引导辅助提示。如图 6-12 所示的美团外卖，当用户浏览"附近商家"两屏后，基于用户心理路径，平台识别到用户可能做决策遇到困难，于是在"发现好菜"旁边出现动效提示用户"纠结吃啥点这里"（见图 6-12a），微动效的引导会吸引用户浏览"发现好菜"的菜品推荐页（见图 6-12b），通过推荐具体的菜品来帮助用户进行决策，从而实现下单转化。还有某理财 APP，当用户在理财详情页停留时间超过 3 秒后，就会出现气泡提示"有疑问？立即咨询实时客服向导。"非常贴心，解决用户在投资时的疑虑，促进投资转化。

3）提供信号：如图 6-13 所示，各大电商平台对不同用户人群在不同场景发放优惠券，这就是一个信号，比如京东新人专享礼补贴优惠券引导用户连续签到 3 天（见图 6-13a），饿了么只要每天登录就送红包（见图 6-13b），优惠券和红包的发放能够在一定程度上引导用户下单，告诉用户今天是购买的最佳时刻，再不用优惠券就浪费了。

a)

b)

c)

d)

图 6-11　美团优选刺激用户激活示例

a)

b)

图 6-12　美团外卖引导用户示例

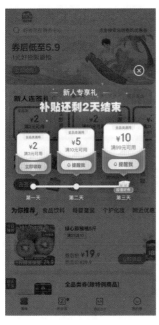

a)

b)

图 6-13　京东、饿了么提供信号示例

（4）奖励

奖励是完成某种行为后，用户可以得到的反馈。对于完成激活行为的用户，及时给予反馈和奖励，鼓励用户继续前进，完成更多行为。用户完成得越困难，完成后越要给予奖励，如果该行为是产品关键行为，奖励可以帮助用户形成习惯。如果流程较长，要在中间给用户奖励。

一定记住及时奖励，用户完成关键行为后，庆祝以示鼓励。比如用户在脉脉完成注册后，会显示挖掘人脉信息动画。某邮箱在用户完成发送第一封邮件以后，击掌庆祝。某理财APP的用户在回答完投资偏好问题后，加入动画，显示给用户推荐的投资组合。在用户完成动作后，及时反馈，也让用户有获得感，例如，小红书，当用户完成新用户测评后，会生成首页动画。印象笔记的新手任务清单中的任务，在用户完成后会马上被划掉。拼多多、携程、58同城等助力或砍价活动页面中，使用进度条展示助力或砍价的进度，游戏中的及时奖励容易让用户上瘾。设计师通过微动效的设计给予用户满足和激励，通过场景化动画、动态图标吸引用户，辅助用户理解并且增加体验舒适度。流畅的微动效体验能让用户的认知更加自然，感到激动和愉悦。

奖励是电商平台常用的营销手段，电商模式下的用户传播主要依靠奖励机制，例如，拼多多的拼团模式一方面给出了远低于用户预期的价格，让利了，另一方面也对传播行为提供了奖励。还有"新人首单免费"和"免费送好友各得一杯"活动，强调分享，通过"老带新"的方式获取新用户，并且在新用户完成任务（下单）后才能获得奖励。

通过以上介绍我们不难发现，助推和奖励、分享自传播可以穿插在激活、留存等AARRR的各个环节中。

6.3.3 留存

1. 什么是留存

留存（Retention）是指经过一段时间使用产品后仍然继续使用该产品的用户。留存率是判断产品价值的重要指标之一。资本市场更容易看好留存率高的产品，哪怕该产品短时间不盈利。而留存率是支撑产品竞争力的重要因素之一，留存率高的产品在用户获取成本相差不大的情况下更有竞争力。

2. 留存的影响因素

影响用户留存率的因素都有哪些？是感知价值、使用难度、转换成本。用户留存的对立面是流失，那么为什么用户会流失呢？一是感知价值不够，例如，产品价值不明确，解决方案不到位，满足不了用户的多元需求，无法给用户提供长期价值；二是使用难度大，例如，产品体验不好，无法让用户养成习惯；三是转换成本低，没有机制让用户投入的时间更长、花钱更多，让用户很容易转换到其他 APP。

当我们找到产品的活跃用户之后，如果没有采取有效的策略帮助其留存，大概有60% 的用户会在 3 ~ 7 天内流失。所以针对新用户如何有效地提升留存率是非常关键的，因为只有真正留存下来的用户才有所谓的商业价值。

而对于一个产品而言，新用户留存是从前几天到几个月，我们要让用户发现更多价值，让用户习惯留下来。长期用户留存需要让用户持续感受产品价值，加深参与度，可以通过个性化体验等方式避免流失。同时我们要将流失用户召回，让用户重新发现价值。

3. 如何提升留存率

（1）提升新用户留存

1）精准拉新，观察不同渠道来源的新用户留存表现，通过渠道分析调整或剔除留存差的渠道；

2）持续上手，通过对新用户的持续引导，让他发现更多产品功能，达到更多 Aha 时刻。

3）养成习惯，让使用产品变成用户生活习惯的一部分，通过 Hook[⊖] 模型（上瘾模型）打造行为闭环。

（2）提升长期用户留存

需要了解影响留存的变量，即用户生命周期和用户参与度。从用户生命周期来

⊖ 埃亚尔，胡佛. 上瘾：让用户养成使用习惯的四大产品逻辑 [M]. 钟莉婷，杨晓红，译. 北京：中信出版集团，2017.

看，想要提升留存率，我们可以提升激活率和流失召回率。从加深用户参与度来看，针对不同使用场景下的产品功能，可以提升功能的使用率、功能使用数量、使用频次和时长，增加使用场景，为用户提供个性化体验，降低流失率等。常见的使用频次指标有每月活跃天数、每月活跃次数、日活/月活比例，常见的使用强度指标有平均访问时长、平均访问页面数、平均订单金额、平均每个用户完成关键行为的次数。下面具体说明。

1）提升核心功能的使用频次：高频产品通过优化产品设计或运营机制来提升核心功能的使用频次。比如，趣头条的核心功能是阅读，那么可通过签到得金币功能来提升长期留存。低频产品通过打造高频功能提升频次，比如，金融理财APP会提供资讯、专家评论等功能，让用户对此产品的使用频率有所提升。或者打造高频价值链的高频功能，比如Airbnb订房，增加了计步功能，用户每天都会去看一下走了多少步。再就是通过游戏化设计与用户建立情感连接，提升使用频次，让用户养成习惯并且获利，比如支付宝的蚂蚁庄园、拼多多的果园等。

2）增加强度：让用户使用产品的强度增加。不同产品类型对强度的定义不同。比如抖音、今日头条这类让用户消磨时间的产品，视频越刷越有，刷到的下一个视频总是意想不到的内容，让用户上瘾似的一直往下看，那么用户单次使用时间越长代表强度越大，但像百度网盘和钉钉这类帮用户提升效率的产品，单次操作越多的功能代表使用强度越大。像淘宝、携程这类助用户完成交易的产品，当用户完成下单准备支付时，提示可凑单更便宜，有更多产品优惠等，以提升客单价，用户单次花的钱越多代表使用强度越大。

3）提升功能的使用：引导用户正确地使用核心功能，使用更多重要功能，让用户向高价值功能迁移；或者开发新功能，不断优化高频功能、高强度功能，提供新使用场景，解决新问题，服务新人群。如何让更多用户使用这个功能，首先要找到用户使用最多、留存最高的功能，其次提升这一功能的使用率。提升时，先看该功能的性能如何，如果性能和体验不好，那么需要改善该功能。如果该功能的入口不明显或者转化率低，那么我们需要增加功能的入口，优化转化路径。如果用户不知道怎么用该功能，难以上手，那么我们需要增加用户引导，方便用户上手。例如，支付宝的刷脸支付功能，曾被用户批评认为刷脸支付很难看，所以不想使用，后来支付宝优化了刷脸美颜功能，刷脸支付率增加了几倍。谷歌的搜索团队曾开发"体育赛事""实时分数"功能，调研发现70%的用户不知道这个功能的存在，于是团队在用户搜索时增加了自动显示搜索词建议，在搜索栏下方显示可以直接点击的品类，提升了用户的黏性，提升了使用率。

4）增加使用场景：让用户在多个场景下使用产品或让用户使用多个平台、建立多个接触点。例如，小程序电商 Match U 有意识地引导用户关注公众号，在小程序内，引导置顶，引导用户在多个小程序间跳转。还不断优化关注的路径，在小程序下单后让用户关注公众号，告知用户关注公众号有什么好处，并通过 A/B 测试不断优化，提升留存率。

5）精细化运营、个性化体验：根据用户分群运营，采取用户激励体系，提供产品个性化体验。例如，某电商平台发现用户群里存在大量价格敏感型用户，这些用户每次登录时看见没有优惠券就离开，针对此类用户进行用户分群，通过 A/B 测试改善留存。在优化前，用户到达"优惠券"中心，显示"无优惠券"，价格敏感型用户离开；在优化后，显示"无优惠券"但可以答题领红包，于是用户选择花 30 秒答题，下单率有所提升。

6）避免用户流失：存储用户数据、提高转化成本。例如，东航用户忠诚计划里的里程累积，印象笔记的一次性购买 7 年会员提前锁定用户。如果用户一段时间内没有使用产品，则采取流失预警机制，下次用户回来会提供赠礼，挽回用户。

6.3.4　商业变现

1. 什么是变现

变现（Revenue）就是通过各种手段来盈利，或促进下单转化。对一款产品而言，获得收益的方式非常多样，如卖增值服务、卖广告位、卖产品等。变现形式有：①以交易变现，如电商、课程、平台手续费或者税费、增值服务；②以订阅模式变现，如 SaaS 等；③以先免费再收费变现，如微信读书先给体验卡，看完需要付费；④以广告变现，如知乎、头条等收取广告主的费用；⑤以设计产品变现，如在阿里巴巴商品设计孵化中心（ADIC），设计师可以主导产品设计创造价值，设计师的价值重新被定义。

2. 如何提升产品变现能力

要提升产品变现能力需不断挖掘产品能够为用户提供的服务与能力，挖掘附加价值，创造新产品。下面简要说明几种方式。

1）精准的个性化产品和服务推荐：例如，淘宝、拼多多、京东等电商平台首页、个人中心等显示的商品信息流都是根据用户的浏览历史来进行推荐的，如"猜你喜欢"将用户搜索过的同种产品类型的其他产品持续不断地呈现在用户面前，逐渐强化用户的购买心智，最终引导用户下单。在下单前，在购物车中还继续推荐其他可低价换购的商品，并提示用户凑单免运费等，还有京东在商品售卖时精准推荐可以提供的到店服务、保障服务、回收服务、借款服务等，打通了商品的全服务链条，创造了新的消费场景，如图6-14所示。

2）付费会员或月卡：例如，携程的付费会员卡提供多种增值服务权益和优惠券，让用户感觉体验一次贵宾室就能值回票价，每次订机票和酒店就会想着去携程订好把提供的权益都使用了，否则就浪费了，并且每次预订都有优惠。

3）展示其他用户购买成功的信息：例如图6-3所示的拼多多示例。

4）展示评价：例如图6-12所示的美团外卖在商家列表中显示用户评价。

图6-14 京东增值服务示例

6.3.5 用户推荐/自传播

1. 什么是自传播

用户推荐和自传播（Referral）的基本特点可概括为利用优惠、用现金刺激、诱导用户分享，在用户社交关系链中不断传播，从而达到获取新用户、激活老用户的目的。

2. 如何提升自传播效果

社交裂变作为目前较有效的获客和自传播方式，贯穿产品的整个生命周期，想达到任何带有获利目的的操作都离不开分享。比如，在电商平台中，拼多多针对价格敏感型用户，用优惠＋砍价和拼团等机制，让用户分享至微信群、朋友圈，从而完成自传播、拉新、付费、激活等一系列动作。

拼多多借助"拼团＋低价＋社交"的组合，通过团购扩展出一整个"获客—留存—变现—自传播"的用户自增长模式。平台以助力、砍价、抽奖等活动方式，尽可能引导用户重复操作，让用户分享直至完成任务。而且分享路径设计得十分短，点击分享—分享弹窗—微信分享即可完成。拼多多的活动规则简单明确，获取流量效果显著，现在已被各大社交电商借鉴。

让用户推荐传播的方式有两种：一种是把产品做好，满足用户的需求，打造用户口碑，并用一些手段适当引导用户分享，实现产品的自传播，比如，小米通过打造超过预期的产品（体现在性能、设计、工艺、定价等方面）赢得用户的信任，带来口碑；另一种是通过激励手段促进用户拉新，如采用以下活动形式：

1）现金大转盘、天天领现金等：现金大转盘和天天领现金都是点开活动入口立即获得 ×× 元红包，如果用户想提现则需要邀请好友下载 APP 并登录后助力，之后才能通过微信支付提现。

最典型的例子是拼多多让用户领取一个红包，但显示还差 ××% 才可提现，提示用户邀请好友助力红包提现，如图 6-15 所示。整个活动不断地提示用户获得的奖励，如获得"红包加码"，刚开始为 90 元，马上又增加了 10 元至 100 元；获得"超级容易提现"特权，获得翻倍卡加速提现，抽奖获得额外打款 100 元福利……通过动效设计让用户在游戏中获得升级的愉悦感。当用户分享回到活动界面后又通过动效连续不断地展示奖励，刺激用户去分享。

a)　　　　　　　b)　　　　　　　c)　　　　　　　d)

图 6-15　拼多多现金大转盘活动示例

天天领现金的活动形式与现金大转盘类似，如图 6-16 所示。

图 6-16　拼多多天天领现金活动示例

2）砍价免费拿：指通过分享，邀请好友砍价，砍价到零元可免费获得商品，这是拼多多前期裂变的核心玩法，如图 6-17 所示。

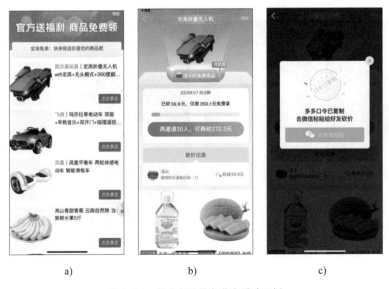

图 6-17　拼多多砍价免费拿活动示例

3）一分钱全场抢好物：快手平台与肯德基联合发起的"一分钱购肯德基"的活动，如图 6-18 所示。活动门槛较低，"邀请 2～5 位新用户"来砍价就可以成功获得一分钱购买单品总价 100 多元的新春金桶套餐的福利。活动流程比较简单，被邀请的用户通过"复制口令—打开快手"即成功砍价，降低了用户的心理门槛。用户在快手看视频、看直播以及在快手小店下单都能加速砍价进程，提高了活动参与的便捷度，促进了用户分享的积极性。同时，线上领福利，引导用户到线下门店消费，激活了肯德基的存量用户，并为门店带来订单增长。这个活动打通了平台公域流量与品牌私域流量，在高效引流的同时，为肯德基快手小店带去用户留存和复购，实现了从公域流量到私域用户的转化，为肯德基带来了用户流量裂变式的增长。

a)　　　　　　　　　　　　　　　b)

图 6-18　一分钱全场抢好物活动示例

4）一人开团、千人帮卖、万人跟团：如图 6-19 所示为拼多多推出的"快团团"微信小程序，它具有团购、帮卖、直播、订单管理等功能，致力于打造裂变型社交电商。其裂变模式为：大团长找到货源设置好购买链接，帮卖团长利用自己的私域流量帮助大团长实现裂变，赚佣金。团购群中的消费者转化成为帮卖团长后，也可以赚取佣金。

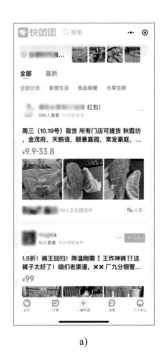

a)   b)

图 6-19　快团团活动示例

上述几种活动形式可归纳为免费或低价购买商品以及领现金或优惠券这两种方式，具体的形式会有所差异，但万变不离其宗。这些任务其实并没有看起来那么好完成，但受沉没成本的影响，用户会不断地在自己的微信群中分享，邀请好友，形成病毒式传播。

6.3.6　开启增长实践分析之旅

通过前面的学习，我们已经了解了增长实践的分析路径，现在可以通过表 6-3、表 6-4 所示的模板或附录 B 提供的模板（见本书第 250～251 页），自己尝试进行增长实践分析。

表 6-3　增长实践——明确增长重点

你的产品在市场中处于什么阶段？	增量市场还是存量市场？
产品处于生命周期的什么阶段？	探索期、成长期、成熟期、衰退期
	画出市场渗透率和留存 + 净增长矩阵
产品属于哪个品类？	平台、工具、内容、游戏、社交、电商、SaaS、混合
	画用户付费和社交属性的四象限图
得出增长重点	留存，变现，留存和变现

表 6-4　增长实践——通过增长模型制定策略

获客	曝光类广告投放	
	效果类广告投放	
激活	阶段：新用户激活感受 Aha（顿悟）时刻；新用户留存；长期用户留存；流失用户召回	
	动力因素	
	阻力因素	
	增加动力	
	减少阻力	
	助推	
	奖励	
留存	提升新用户留存	精准拉新
		持续上手
		习惯养成
	提升长期用户留存	提升核心功能的使用频次
		增加强度
		提升功能的使用
		增加使用场景
		精细化运营、个性化体验
		避免用户流失
变现	精准的个性化产品和服务推荐	
	付费会员、月卡	
	展示其他用户购买成功的信息	
	展示评价	
自传播	商品优惠	
	发红包	
	砍价	
	一分钱抢好物	
	拼团	
	优惠券	

　　了解了竞品分析和最佳增长实践分析，自己尝试做了实践分析后，可以给产品设计工作带来灵感，在下一章，我们将学习设计方案做好后，如何进行方案的测试。

第 **7** 章 测试设计方案

7.1 评估设计方案 ROI，确认需求优先级

通过前文学习竞品分析和最佳增长实践，我们了解了获得想法的方法在产生了想法之后，我们需要将想法转化为需求，并且对需求进行可行性分析再评估需求的优先级，然后形成设计方案，最后安排测试。

比如确定了先优化哪个环节以后，我们还会发现该环节、该页面有太多可优化的点，因为我们通过可用性测试、专家评估、用户反馈等方式找到问题后，结合竞品分析得到的方法可能有很多，这时我们需要管理好想法，那么如何来管理想法并且跟踪优化需求的进展和效果呢？可以使用想法库管理和 ICE 模型这两种工具。

7.1.1 想法库管理

我们要将所有的实验想法全部记录下来并进行管理，确保不遗漏，不丢失，可以参考 OKR（目标与关键成果法）建立需求跟踪表。表 7-1 展示的某订票平台个人中心优化需求跟踪表就是一种想法库管理的形式。

通过表 7-1 可以看出，将实验想法转变成需求再整理成表格，需要梳理主要目标、子目标、关键措施、当前痛点、针对每个痛点采取的行动，衡量指标，度量方式（如何度量方案上线后能否达成指标），当前的项目进度（在研发资源有限的情况下是否都能排上版本，没有排上的是否还要继续推进），还有测试的结果以及最终上线后的结果。

在某订票平台改版的案例中，个人中心的首页也就是"我的"页面，也在改版范围中。通过数据挖掘，我们发现底部导航上"我的"页面的点击率较高，该页面占平台总 DAU 的 24.9%，因为预订完机票的用户大多会进入"订单中心"查看订单详情，以及基于订单继续购买增值服务。此外，用户在机票预订时因为种种原因放

表 7-1　优化需求跟踪表

主要目标	子目标	关键措施	痛点	行动	衡量指标	度量方式	进度	结果
提升会员数量、提高增值销售额，提升证件填写率，与用户建立联系一提升微信公众号关注量，提升用户操作效率	提升会员数量	增加认证会员入口、场景化引导用户认证会员	目前"我的"频道没有根据会员身份区别展示，用户不清楚哪些功能和信息需要登录才能使用和查看，需要逐个点击，操作不便捷	"我的"频道区分登录与未登录状态的展示，针对未登录用户，提供统一登录入口	登录按钮点击率，日均新增会员量	数据埋点	已完成	点击 UV 提升 1.5%，日均新增会员量为 55
				在头像和用户账号旁增加会员权益信息展示，点击至会员中心页可查看会员权益，引导认证成为会员	会员权益按钮点击率，日均新增会员量	数据埋点	已完成	点击 UV 提升 0.8%，日均新增会员量为 34
				在我的积分、优惠券等信息下，增加会员裂变活动广告位，针对不同等级会员于下面展示不同的活动，普卡、银卡会员引导裂变升级银卡、金卡会员引导"老带新"等	活动点击率，日均新增会员量	数据埋点	已完成	点击 UV 提升 2.4%，日均新增会员量为 178
				用户使用"我的工具"需要先校验是否登录，再校验是否为会员，不是会员则引导用户认证会员	登录按钮点击率，日均新增会员量	数据埋点	已完成	点击 UV 提升 3.4%，日均新增会员量为 340
				当用户登录后，弹窗提示实名认证，通过保证账户隐私安全、享受会员权益，引导用户实名认证成为会员	三种会员认证方式的点击率，日均新增会员量	数据埋点	已完成	点击 UV 提升 1.5%，日均新增会员量为 55

（续）

主要目标	子目标	关键措施	痛点	行动	衡量指标	度量方式	进度	结果
提升会员数量，提高增值服务销售额，提升证件填写率，与用户建立联系—提升微信公众号关注量，提升用户操作效率	提高增值服务销售额	增加入口曝光，合理布局，缩短购买路径	目前用户要处理未完成的订单，需要经历登录→"我的订单"→机票订单→订单详情5步才能处理未完成的订单和找到基于该订单的增值服务购买入口，流程较长	如果用户有订单，展示行程信息便于用户购买增值服务和享受服务	增值服务按钮点击率，日均新增会员量	数据埋点	已完成	点击率增加1.2%，增值服务销售额提升15%
				订单入口根据订单分类展示，如果每项有对应的订单未付款，用小红点提示	未付款订单按钮点击率	数据埋点	已完成	未付款订单按钮点击率提升2.4%
				如果有未付款的订单，直接在订单下方展示，提供付款按钮	未付款订单转化率，机票销售额	数据埋点	已完成	未付款订单转化率提升3.7%
				增加其他增值服务产品广告位	增值服务点击率，销售额	数据埋点	已完成	增值服务点击率提升1.1%
				"我的工具"根据会员等级，有无订单等不同场景展示不同的内容	"我的工具"按钮点击率	数据埋点	已完成	"我的工具"按钮点击率提升2.2%
	提升证件填写率	加强提示，缩短填写路径	目前用户证件过期，要到用户信息管理和在预订机票流程中填写信息时才能发现，入口较深，用户在预订流程中处理信息会降低信息填写页的完成率	增加快过期和已过期用户处理的证件号，引导用户维护证件信息，提升预订时乘机人信息填写页效率	查看/忽略点击率，已过期即将过期证件数量，乘机人信息填写页完成率	数据埋点	已完成	查看点击率提升0.6%，已过期、即将过期证件数量减少30%，乘机人信息填写页完成率90%

（续）

主要目标	子目标	关键措施	痛点	行动	衡量指标	度量方式	进度	结果
提升会员数量、提高增值服务销售额、提高证件填写率、与用户建立联系—提升微信公众号关注量、提升用户操作效率	与用户建立联系—提升微信公众号关注量	增加入口及引导方式	目前用户预订完机票后与用户触达方式较少，不利于用户在行程中接收行程信息	增加添加微信公众号、社群的提示入口	公众号关注量、社群会员量	数据埋点	已完成	公众号关注量日均增加387人，社群会员量日均增加397人
			列表式功能展示方式已不符合当下用户的使用习惯	通过卡片分类，对"我的"功能模块重新梳理，优化信息架构和信息内容展示	退出率、页面平均停留时间、满意度	数据埋点	已完成	退出率降低11%，页面平均停留时间减少，满意度提升35%
	提升用户操作效率	优化信息架构&交互方式	功能入口位置分布不合理，没有根据用户点击偏好展示功能入口，用户不常用的功能在明显的位置，用户常用功能的位置不明显，用户反馈查找难	根据用户会员等级（金卡、银卡、普卡、注册会员）在功能和信息、视觉上进行区别展示	满意度	问卷	已完成	满意度提升35%
				根据热点图找到用户常用功能，将用户常用功能凸出展示	满意度、眼动轨迹	点击热点图、眼动测试	已完成	满意度提升35%，眼动轨迹符合预剪

弃付款，也需要到"订单中心"处理订单：继续支付或取消订单。通过对"我的"页面进行分析和重新梳理频道定位，我们得出，"我的"页面作为信息分流类页面，核心目标是快速将用户导航到其所需的功能模块，改版目标是使用户快速找到相应功能模块从而提升效率，减少用户在"我的"页面的平均停留时间及退出率。除了导航到不同的功能模块外，"订单中心"还提供引导实名认证成会员、推荐增值服务产品购买、增加与用户的触达方式等内容，所以改版目标还有提升新增会员量（O1）、推荐增值服务曝光量、点击量，提高增值服务销售额（O2）等。梳理了以上目标后，我们将每个目标分开梳理关键措施和痛点及解决方案。

比如"我的"页面改版的目标是提高增值服务销售额（O2），措施之一是提高用户找到相应功能模块的效率，通过数据分析，我们发现用户不常用的功能在明显的位置，用户常用功能的位置不明显，说明功能入口位置分布不合理，没有根据用户点击偏好展示功能入口，用户难以找到常用的功能和服务。还有用户要处理未完成的订单，需要经历登录→我的订单→机票订单→订单列表→订单详情5步才能处理未完成的订单，甚至不少用户因为找不到订单以至于无法处理订单而放弃购票（平台设置该账号下有两个未处理的订单时就不能继续下单）。此外，订单入口太深（该订单的增值服务购买入口在订单详情中），导致增值服务曝光不够，以及找到购买入口的路径较长，导致用户很可能找不到购买入口。

要提高用户找到相应功能模块的效率，可以通过重新梳理页面信息优先级、增加入口曝光、缩短购买路径来实现。提出假设如下：

1）对"我的"功能模块重新梳理，将模块分为：第一个模块包含用户基本资料、账户信息、会员等级、全局操作，第二个模块包含订单类别和状态，第三个模块包含"我的工具"等，使用模块化设计，支持内容之间的替换和扩展，使页面结构更为灵活。

2）优化信息架构和信息内容展示，将页面重点信息和次要信息用不同的视觉方式呈现给用户，帮助用户第一时间获取关键信息，提高效率。

3）根据用户会员等级、登录状态、订单状态，在对应的模块中增加用户待处理的功能入口曝光，例如，如果用户有订单，在订单模块下展示行程信息卡片，便于用户购买增值服务，增加曝光；订单入口根据订单状态分类展示，如果有订单未付款，用小红点提示；如果有未付款的订单，直接在订单下方展示，提供付款按钮。

4）在"我的工具"模块，根据点击的数据分析将用户常用功能放在明显的位置等。

针对上面提出的每个需求点，我们需要推导出对应的衡量指标以及指标优化后会提升多少，例如，要提高用户找到相应功能模块的效率，那么之前用户打开此页面需要花多长时间才能找到想要的功能点，有多少用户找不到功能点（一进来没看见目标就走了，以及进来操作了还没找到目标就走了），我们可以通过平均停留时间与退出率来衡量，关于能提高多少，可以根据问题的严重程度或影响范围来预测。有些直接可以测量出来，如费力度指标，通过优化，用户找到未支付的订单从原来的 5 步变成 1 步，用户在登录后直接在"我的"页面就能看到，这种优化可以直接测量出。

7.1.2　优先级排序：用 ICE 模型给想法打分

在收集完所有想法后，我们需要根据一定标准对想法进行排序，这里介绍另外一个常用工具——ICE 模型，其中 I 代表预期影响，C 代表成功概率，E 代表容易程度。

表 7-2 提供了参考的打分依据，具体的打分还是需要依靠自己对于业务的判断力。

表 7-2　打分方法

评估维度	打分方法	结果表现
预期影响	实验覆盖的用户量有多少？影响的范围有多大？ 实验成功指标能提升多少？	改变在高流量页面和用户流程中 改变后预期能明显提升指标 改变在最明显的位置
成功概率	能否通过数据来论证问题、收益等？ 是否可衡量？	想法来源于用户测试或定性研究 想法有数据支持 想法来源于成功的产品实践
容易程度	实验的时间和人力成本是多少？	研发、设计、运营、物质投入资源少 上线速度快 后期维护成本少

在对想法进行打分后，我们就可以得到如下的实验想法排序，如表 7-3 所示。

表 7-3　实验想法排序

实验想法	预期影响	成功概率	容易程度	综合打分
想法 1	3	3	1	7
想法 2	2	1	2	5
想法 3	1	2	1	4

按照综合打分从高到低进行实验即可。

注意，实验目标必须是唯一的，是从北极星指标细分出来的，如点击率、DAU、转化率。任何多目标的实验都是低效的。首次验证假设方向时，可相对"简单粗暴"。例如，某贷款 APP 要提升注册转化率 70%，我们可以在性能优化、注册流程简化、内容优化、视觉优化几方面做实验：

1）性能优化：可以优化加载速度与加载方式。

2）注册流程简化：提高注册效率，在注册页中删除密码输入栏，将短信验证码放到第二步弹窗里。

3）内容优化：根据用户调研结果，我们发现用户最关心的因素有贷款额度、平台可靠性、审批速度，它们的优先级是贷款额度 > 平台可靠性 > 审批速度，在头图设计中，我们要突出"额度高"的优势，同时精简复杂的内容；对公司、产品进行差异化介绍，辅助决策；增加社会证言，实时展示成功借款的用户信息等。

4）视觉优化：树立专业、有亲和力的品牌形象，突出重点、方便阅读，在图片风格、整体色彩调性、字体风格、排版等方面进行优化，每次实验最好只验证一个假设。

7.2　设计方案测试与评估

设计方案测试有多种方法，要根据之前定义的目标和量化指标来选择测试方法和能获取到数据指标的工具。我们通常通过绩效度量、自我报告度量（满意度、用户期望、净推荐值）、生理度量（瞳孔直径变化、心率、皮肤电阻等）方法来度量，获得测试结果。生成式人工智能工具能够协助设计师通过科学、理性的方式验证设计方案。利用眼动测试，可以有力地呈现用户行为特征的分布情况，以辅助界面的优化。

例如，Midjourney 能够快速且有效地创建画面与界面，这使得设计师有更多时间专注于其他重要的事务。此外，它还可以为特定用户提供体验更好的画面与界面。

7.2.1　设计方案测试的应用场景

常见的设计方案测试场景如下：

1）评估导航或信息架构：可以测量任务成功率和迷失度。迷失度是完成一项任务的实际步骤与完成该项任务所需最小步骤的比较，可以用卡片分类来测试。

2）评估知晓度：对内容或功能的知晓程度，比如，在线广告，某些功能很重要但使用率低，测试为什么没有被注意和使用；也可以通过测量用户关注度了解知晓度，如事后问参加者在研究开始前是否知道某个功能；还可以通过用户行为来测量，如通过眼动测试了解用户的平均关注时间、关注比例、用了多少时间才关注；或者可以通过 A/B 测试了解设计方案下的流量变化，确定知晓度。

3）评估微小改动的影响：比如评估视觉设计的不同方面，如字体选择、字体大小、界面元素、位置、视觉对比度、颜色、图片等对用户体验产生的影响，可以用 A/B 测试、大样本量的可用性测试、邮件或在线调查等方法从有代表性的参加者中获得反馈。

4）比较替代性的设计方案：基于问题的度量，根据高严重、中严重、低严重问题的频次，确定哪个方案好用，让用户在易用性、视觉吸引力等维度对产品原型进行评分。

下面一一介绍进行设计方案测试常用的测试方法，包括可用性测试、A/B 测试和眼动测试。

7.2.2　设计方案测试方法一：可用性测试

可用性测试是在产品原型阶段或在产品上线后实施的通过观察或访谈或以二者相结合的方法，发现产品或产品原型存在的可用性问题并评估其可用性水平。适合解决以下问题：

1）了解产品与预期目标是否达成：比如，我们设计了引导让用户用某个功能，那么用户是否会用？在使用功能时是不是遇到一些障碍，使用时是否满足了用户的期望？

2）了解竞争对手、自己的产品与老版设计相比的可用性水平：为设计改进提供依据，判断设计方案的可行性。

3）发现问题：发现问题的频次和类型，发生频率和严重程度，对问题进行分类，根据严重性评分建立清单排列优先级。

4）理解和接触用户：了解用户的行为习惯，包括他们是怎么使用产品的，以及了解用户的认知，找到产生某些问题的原因。

1. 可用性测试评估方法

可用性测试的目标是通过启发式评估、认知走查、经验性评估等方法，找到产品使用过程中可能存在的体验问题，为设计师提供参考。一般根据测试过程中是否存在专家分为专家评估法和用户测试法。

1）专家评估法主要包含启发式评估与认知走查两种评估方法。①启发式评估主要通过3~5名专家，以"启发式原则"为规范，针对菜单、对话框等内容进行可用性测试，以此模拟用户在真实情景下的使用情况，进而找寻界面设计中可能存在的问题，属于一种非正式的检查方法。②认知走查法通过研究用户心理状态，分析用户心理过程，进而对交互界面进行评价分析。首先测试人员需要选择用于测试的任务，并为各项任务确定正确的操作序列。其次由专家通过走查的方式，分析研究界面在实际操作过程中可能存在的可用性问题，并给予一定的意见或建议。通常来说，认知走查法适用于界面设计初期，用来预测未来可能发生的问题。

2）用户测试法是由用户完成操作，通过用户的操作绩效以及用户的操作评价来对产品设计的可用性进行测试的方法。

2. 可用性测试的类型

可用性测试的类型可分为形成性和总结性两种：

1）形成性以小样本、发现和优化问题为主，不能做定量的对比，不能对大版本迭代进行评估；

2）总结性是对大样本、30人以上进行测试，可以进行定量的评估和对比评估。适用于互联网产品的快速用户测试，以发现问题为主，快速、简易，可以和产品研发周期紧密结合。

3. 可用性测试评估指标

尼尔森认为可用性有五个指标，分别是易学性、易记性、容错性、交互效率和用户满意度。只有在每个指标上都达到很好的水平，产品才具有高可用性。

- 易学性：产品是否易于学习；
- 易记性：用户搁置某产品一段时间后是否仍然记得如何操作；
- 容错性：操作错误出现的频率和严重程度；
- 交互效率：即用户使用产品完成具体任务的效率；
- 用户满意度：用户对产品是否满意，在使用产品的过程中的感受。

在可用性测试中，实际的绩效度量指标如下：

1）任务完成与否。用户能否完成任务？是什么阻止用户完成任务？用户可以在任务中走多远？指标为一次完成率，即一次完成的任务数／任务总数，是评价可用性的综合指标。

2）任务持续时长。用户完成任务需要多长时间？完成一项任务需要的时间是太多还是太少？指标为操作时长，即某任务从开始操作到结束的全部时间，用于衡量顺畅度。一般用中位数来汇总任务时间数据更合理。

3）任务完成效率。用户可以轻松浏览产品吗？需要添加／删除任何步骤吗？指标为完成效率，即某任务中用户点击页面下一步的总次数／完成任务的用户数，用于衡量顺畅度；或者用户点击了多少次，浏览了多少页面；或者迷失度，就是参加者的操作超过理想的操作步骤数。平均完成率与平均完成时间的比值也可以用来度量任务完成效率，以百分比呈现。

4）错误检测。用户是否遇到过错误？错误是什么时候发生的？它们是可以避免的还是不可避免的？错误能否恢复？衡量指标为人均错误率，即某任务出错总次数／完成任务的用户数，用于衡量网站容错性。错误是导致用户偏离正确完成路径的任何举动，这些举动可能会导致任务失败，如选择了错误的选项。错误与可用性问题相关联，但实际上是不同的。

5）易学性。需要付出多少时间与努力才能娴熟地使用产品，用于测量绩效随时间增加提高或未能提高的方法。比如，用户尝试 3 次以后，才能使平均任务时间／错误数最低、操作步骤数最少、效率最高，需要多长时间才能使用户达到最大绩效。例如，第一次施测中的平均时间是 90 秒，最后一次施测时间是 70 秒，两者的比值就表示参加者初始使用时间约为 1.3 倍长。

7.2.3 可用性测试的流程

可用性测试属于偏定性研究的方法，比较侧重于观察用户的行为。接下来我们了解可用性测试的流程，如图 7-1 所示。

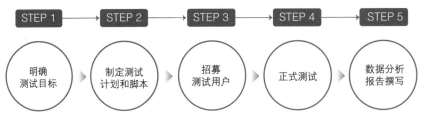

图 7-1　可用性测试的流程

我们把可用性测试过程分为三个阶段：①测试前，我们先要明确测试目标，确定初步测试方案，其中包括确定实验设计、确定测试的典型任务、确定测试用户要求以及准备相关测试文档，然后招募测试用户；②进入正式测试，包括用户的出声报告、主持人对测试过程中意外情况的处理及测试中主持人与用户沟通时应该注意的问题；③测试后，进行数据分析形成报告，反馈给相关人员。

测试前的准备工作包括明确测试目标、制定测试计划和脚本（设计测试任务）、招募测试用户、准备测试材料和清单（素材、工具、设备）、测试场地（大版本迭代需要专业的实验室）、预测试。

1. 明确测试目标

首先，清晰地列出测试目标。想测试什么？希望得到什么答案？通常测试目标如下：

- 对整个产品做可用性评估，以便发现可用性问题，进行优化迭代；
- 对新增功能模块进行评估；
- 改版方案对新老用户会产生什么影响；
- 改版能否达到预期目标；
- 设计的时候有争议，想看一下哪种解决方案更合理；
- 某个环节的流失率较高，想看一下是否是设计的问题；
- 接下来要去拓展某一类用户，想看下针对这类特殊用户，在设计上是否需要做出调整。

以某订票平台订单填写页优化为例，我们前后做了两次可用性测试。在优化前，我们的目标一方面是通过测试发现可用性问题，重点关注流失较高环节（通过转化漏斗发现整个预订流程中订单信息填写这个步骤的流失率较高）的用户行为，找到会造成用户流失的可用性问题。另一方面是做整体的可用性水平评估，方便优化前后做对比。当原型方案出来以后，我们又做了一次可用性测试，目标是观察设计方案是否已经解决了之前发现的可用性问题。

除了明确测试目标外，还要梳理清楚需要关注的问题，比如我们想了解用户在订单填写页上浏览时，对某些图标和按钮的理解是什么样的。罗列需求点和关注点，将测试目标和关注点转变为测试任务和访谈。

2. 制定测试计划和脚本

在制定测试计划和脚本时，制定测试任务是比较重要的，我们要关注用户的思考和行为背后是否符合合理的情境，要体现产品流程或界面的哪些方面受到了检验，以及检验的方式是什么。例如，在用户选择好合适的航班后，到达订单填写页的任务是确认航班信息—选择乘机人—选择增值服务（保险、报销凭证等）—选择优惠方式（优惠券、折扣券）—勾选协议条款—确认价格—提交订单。我们发现，这个页面的功能点较多，其中选择乘机人这个步骤，在从未使用过的新用户或者添加一名新的乘机人这两种场景下都需要用户填写信息表单，但流程不一样；然而根据目的地的不同，国内、国际地区需要填写的乘机人信息也不完全一样。所以，在测试之前，我们发现订单填写页流失率较高，还要继续下钻分析新老用户、航班性质、是否购买增值服务、是否选择优惠方式对该环节流失率的影响，以便我们更精准地定位测试目标，有针对性地了解用户流失的原因。如表 7-4 所示，设置的场景是国庆节快要到了，在某订票平台购买国庆出行的机票。任务分别是预订一张国内机票、一张国际机票，任务结束是在点击"立即支付"按钮前，不需要支付。这里需要注意的是，在设计任务的时候要将任务的结束状态定义清楚。还有任务的一致性，因为国内和国际信息填写的内容不一样，这样就会造成测试任务的不一致，不方便进行度量，影响测量结果，所以需要将国内和国际分开测试。在任务中，我们可以指定时间和航线，剔除用户是因为航班或者时间段不满意而流失这个影响因素，只是单纯测试订单填写页的可用性问题。

表 7-4　可用性测试场景、目标、任务

场景	国庆节快要到了，在某订票平台购买国庆出行的机票
目标	了解订单填写页信息表达是否清晰，是否符合用户预期； 了解新、老用户选择乘机人填写表单是否顺利及遇到的问题； 了解用户对订单填写的满意度
任务一	打开某订票平台 APP，在首页机票搜索框中选择上海—北京国庆节前出行的机票，填写乘机人信息，不需要支付订单
任务二	打开某订票平台 APP，在首页机票搜索框中选择上海—樟宜国庆节前出行的机票，填写乘机人信息，不需要支付订单

3. 招募测试用户

制定好测试计划后，要开始招募测试用户了。我们在招募测试用户时，要考虑招募有代表性的用户。在测试用户人数上，根据不同的研究类型，样本数要求不一样。对总结性研究，一般是度量设计方案是否达到了某些特定的目标，建议收集每个用户群组 50～100 个样本量。如果想测试微小设计的改动如何影响用户体验，需要有大样本量，那么有几百或几千名参加者参加在线测试的准确度会更高。在形成性研究中，一般是在设计发布或上线前收集数据以改进设计，6～8 个样本量比较合适。有研究表明，参加者数量为 5 个时，可以发现 83% 左右的可用性问题。在本例中，在订单填写页可用性测试中，我们从流失的用户中，找到流失的新用户和老用户，人数为 10 名，其中新用户 5 名、老用户 5 名。接下来，我们开始正式测试。

4. 正式测试

在可用性测试中，参加者有主持人（核心角色）、记录员（核心角色）、产品团队、用户共四类，主持人引导整个测试流程，记录员记录操作行为和访谈内容以及发现的问题等，产品团队旁听、观察，结束后进行交流，用户执行测试任务。

在测试前，主持人要进行暖场，暖场一般包括自我介绍、解释测试目的和时间、向用户强调测试的对象是产品而非用户、告知测试会录像但结果完全保密、签署保密协议。

在测试前，还会对用户进行测前访谈，一般会针对用户的基本信息、上网情况、产品使用偏好、使用产品的目的、日常使用习惯等进行访谈，收集的这些信息在测试后进行分析的时候用得到，可以帮助测试后做临时的调整。

测试时先让用户简单试用产品，请用户随意浏览，但不要操作，了解用户的第一印象，比如用户第一次接触产品的时候，产品传达给用户的品牌形象是什么样的。

用户执行测试任务的时间大概有 30～50 分钟，在执行过程中，主持人告知用户要完成的任务，鼓励用户思考，仔细观察并认真倾听用户说的话，识别用户的情绪，必要的时候选择停止任务，在用户完成一个场景时可适当地询问"为什么刚才这样操作"，但尽量简单。掌握在测试中提问的技巧，要注意不要特意引导用户，多询问用户的想法和感受。

记录员在测试过程中，要记录用户的行为，包括动作、步骤、结果，还要记录用户的想法、说过的话，记录这些主要是为了发现问题。要记录当时的现象，进行简单的分析。要注意观察用户是否独立完成任务，是否存在无效操作或者不知所措，用户在完成任务的过程中出现没出现不满情绪。

测试完成后，进行事后访谈，让用户回顾操作时的想法，特别是碰到有问题的任务时的想法，询问那些在测试过程中想深入询问但没有询问的问题；产品团队询问在观察用户测试时关心的问题，填写评价问卷（量表）。

5. 数据分析、报告撰写

通过测试收集任务完成时间、任务成功率和完成效率等数据，除以上客观指标外，在任务完成后或整个测试完成后让用户填写评估量表以获取满意度等数据以及了解可用性问题，对数据进行分析后形成可用性测试报告。

可用性测试报告包含可用性水平评估，即可用性标准化度量及数据指标情况。

问卷中常见的标准化可用性量表如表 7-5 所示，评估主要分为整体评估、任务评估、网页评估和其他评估。

下面来介绍几种常用的量表。

1）场景后问卷（ASQ）：用户在实际场景中完成相应的任务后进行填写，目的是在用户完成一系列相关任务或者一个情景任务后进行评分。情景后问卷包含三方面问题，分别为任务完成的容易程度、任务完成的耗时满意度以及产品辅助信息的满意度。对每个问题从 1～7 打分，分数越低表示满意度越高、易用性越好，三个项目所获评分的算术平均值为整体得分。

表 7-5　标准化可用性量表

整体评估	任务评估	网页评估	其他评估
QUIS（用户界面满意问卷） SUMI（软件可用性测试量表） PSSUQ（整体评估可用性问卷） SUS（系统可用性量表） USE（有用性满意度及易用性量表） UEQ（用户体验调查问卷） UMUX-LITE（用户体验可用性问卷）	ASQ（场景后问卷） ER（期望评分） SEQ（单项难易度问卷） SMEQ（主观脑力复合问题） UME（可用性等级评估）	WAMMI（网站分析和测量问卷） SUPR-Q（标准化的用户体验百分等级问卷） WEBQUAL（网站质量评价量表）	CSUQ（计算机系统可用性问卷） ACSI（满意度） NPS（净推荐值）

2）测试后系统可用性问卷或称整体评估可用性问卷（PSSUQ）：用户完成从总任务分解出的所有子任务后进行填写。测试后系统可用性问卷包含 16 个问题项，依然对每个问题进行 1～7 评分，得分越低表示与问题项内容越符合，主观可用性越好，测试后系统可用性问卷有系统有效性、信息质量和界面质量三个维度。

3）系统可用性量表（SUS）：是一个量化可用性测试结果的系统性指标。该量表设置 10 道题，分别从易用性、易学性、功能整合度和信息一致性四个维度让用户报告使用产品的感受。SUS 可以测量主观满意度，其结果适合从整体上判断产品的可用性程度，且不受小样本量的限制，也可用于有相似任务的不同设计而进行的可用性研究。那么如何计算 SUS 分数？采用李克特量表法，其中第 1、3、5、7、9 题为正向题，第 2、4、6、8、10 题为反向题，第 1、3、5、7、9 题在评分数上减去 1，第 2、4、6、8、10 题，用 5 减去每题的评分数，再将 10 道题分数的总和乘以 2.5 得到 SUS 最终得分。一般评分在 60 分以上的产品被认为是可用性较好的产品。

在每个任务刚结束的时候收集自我报告数据进行任务后评分，有助于确定最后可能存在的特定问题的任务和界面。在整个测试过程结束后评分，深度评分和开放式问题可以为产品的可用性提供更有效的整体评价。

例如，订单填写页可用性测试中，任务一（打开某订票平台 APP，在首页机票搜索框中选择上海—北京国庆节前出行的机票，填写乘机人信息，不需要支付订单）的 10 名参加者的原始数据如表 7-6 所示。

表 7-6　任务一的 10 名参加者原始数据

参加者	满意度	完成	错误	时间
1	4.67	1	1	78
2	2.25	0	3	80
3	5	1	1	69
4	5	1	3	82
5	3.25	1	4	73
6	5	1	0	36
7	5	1	0	45
8	5	1	0	40
9	5	1	0	53
10	5	1	0	37

我们收集的是任务一的满意度、任务完成、错误、任务时间数据。由于每个单独度量的结果，不利于反映任务的可用性总体情况，我们要将可用性测试中的多个度量合并为一个综合的可用性分数，这里使用 SUM，它是由杰夫·索罗（Jeff Sauro）和埃里卡·金德伦（Erika Kindlund）于 2005 年开发的将多个可用性度量合并为单一可用性分数的量化模型。我们把表 7-6 的数据输入 Excel 中，可以计算 SUM 的分数，得到表 7-7 的得分。

表 7-7　任务一的 SUM 得分

	SUM	完成率	满意度	完成时间	错误率
高	84.9%	97.7%	86.8%	94.9%	60.1%
中	71.5%	81.5%	67.5%	81.6%	41.4%
低	51.1%	65.2%	48.2%	68.3%	22.8%

此表中，把完成率、满意度、完成时间和错误率都换算成百分数，从中可以看到任务一的总体 SUM 分数为 71.5%，它在 90% 水平上的置信区间是 51.1% ~ 84.9%。

按相同方法对 10 名参加者做任务二的测试，得到任务二的 SUM 得分，任务一和任务二的 SUM 得分对比如表 7-8 所示。

表 7-8　任务一和任务二的 SUM 得分对比

任务	低	中	高	完成率	满意度	完成时间	错误率
任务一	51.1%	71.5%	84.9%	81.5%	67.5%	81.6%	41.4%
任务二	24.7%	42.6%	62.1%	57.9%	31.0%	38.6%	46.3%
Overall SUM	44.0%	62.5%	77.1%				

从表 7-8 和图 7-2 中可以看到，任务一的可用性水平比任务二的好，任务二的完成度较差。我们可以将不同任务的可用性水平相结合，并对它们按功能、价值评估得出四象限图，从而帮助确定体验优化的优先级。

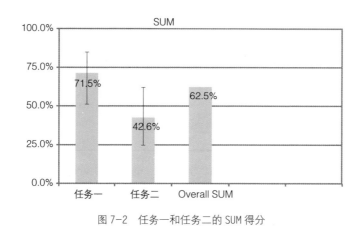

图 7-2　任务一和任务二的 SUM 得分

当我们了解了任务的可用性水平后，还要了解可用性问题有哪些。接下来我们来了解可用性问题如何分析与呈现。

7.2.4　可用性问题分析

可用性问题一般是指用户在使用产品的过程中遇到的影响任务完成的行为，我们需要深刻理解产生这些问题背后的原因。设计师可以以尼尔森十大交互设计原则为准则发现可用性问题以及得到优化建议，为产品设计创造价值。

可用性问题的测量方法有计算问题的发生频率（即遇到某个问题的参加者的百分比），不同任务或类别中出现问题的频次，以及问题对任务完成的影响程度。

可用性问题总结表的内容包括但不限于以下方面：

1）问题分类：将问题分析归类，如归为功能类、体验类、认知类、Bug 类，又或是操作体验类、内容信息类等。

2）位置：测试的模块及页面，比如，某订票平台在大的功能模块方面可以是预订、在线值机、报销凭证等，在小的功能模块方面可以是预订模块里的订单填写页等。

3）问题序号及问题描述：每个模块或页面一共有几个问题，按照顺序编写序号；问题描述需要将用户行为和语言中传达的内容转述为可用性问题描述。比如，某在线医疗产品中的在线咨询模块的可用性问题如表7-9所示。在输入症状的场景中，部分用户进入症状输入界面，会无视引导词，不知道该输入什么，从而感到疑惑。部分用户在点击输入框后引导文字消失，会反复返回去查看文字输入的标准和要求，因而感到烦躁。用户在测试过程中反馈：①为什么没有病症描述？某好医生平台的症状输入会提供模板，我按照模板填写即可，现在用这个还需要我去想；②我一点进去就忘记它要我填什么了，我想按那个标准去输入，但是又记不住。为什么不让我选择呢？所以这里的可用性问题可以转述为用户容易忽略或过度强调引导输入文字。

表 7-9　可用性问题梳理

问题 1		
在线咨询	场景	输入症状
	可用性问题	容易忽略或过度强调引导输入文字
	用户操作路径	1）忽略的用户：进入症状输入界面，会无视引导词，不知道该输入什么； 2）过度强调的用户：点击输入框后引导文字消失，反复返回查看文字输入的标准和要求
	用户态度 / 语言	1）态度：用户感到烦躁、疑惑； 2）语言：①为什么没有病症描述？某平台的症状输入会提供模板，我按照模板填写即可，现在用这个还需要我去想；②我一点进去就忘记它要我填什么了，我想按那个标准去输入，但是又记不住。为什么不让我选择
	用户建议	可以把字调粗一点
	提及人数	3
	需求分析	用户希望基本病情描述是以模板形式输入
	优化建议	突出引导文字
	目前进展	待讨论

4）频数：提到这个问题的参加者数目，即提及人数，比如有3个人提到这个问题。

5）严重度及排序：常用可用性问题严重度的界定原则可分为问题严重等级高（用户几乎无法找到解决方法，以至于不得不放弃操作）、问题严重等级中（用户遇到了困难和阻碍，但是还能找到解决方案并且快速适应）、问题严重等级低（用户能够轻易解决问题或者问题基本不影响系统的可用性，但为了系统更完善，建议修改）共三个等级。

6）问题优化建议：针对可用性问题，提出解决方案。通过收集用户态度、语言和建议，我们需要进行需求分析。上例某在线医疗产品中的在线咨询模块，在输入症状的场景中，用户希望基本病情描述是以模板形式输入。我们针对可用性问题，得出的优化建议是突出引导文字。

7）优先级：可以根据频率、影响程度 / 范围、持续性、重要性来判断，有时候也可以找专家和开发人员填写问卷，以确认优先级。

① 频率：问题的发生频率；②影响程度：使用这个产品功能的用户占多少比例；对于使用这个产品功能的用户来说，有多大比例的用户认为这是一个会对他们产生影响的易用性问题？这个流程对产品来说是否是核心流程？③持续性：这是否是一个一次性的问题？用户理解之后，能否克服它？不能一次就克服的就是持续会遇到的问题；或是这个问题非常难以理解，持续给用户带来不便？④重要性：对问题严重性的评估，如对用户体验的影响、预期的发生频率、对商业目标的影响和技术 / 实现成本。

下面以某订票平台为例，总结其预订流程中的订单填写页的可用性问题，如表 7-10 所示。

表 7-10　可用性问题总结

模块	序号	问题描述	提及人数	严重度	类别
订单填写页	1	航班卡片信息占比较大，特别是在往返或联程、空铁空巴联运场景中，航班卡片信息几乎占据半屏以上	2	中	体验问题
	2	选择 / 填写乘机人模块，标题为"乘机人"，用户不知道是要填写 / 选择乘机人	4	高	认知差异
	3	乘机人默认选中，用户以为不需要选择，预订后发现乘机人不是将要出行的人	3	中	认知差异
	4	用户还没选择乘机人，就默认展示一个成人的价格，干扰了用户的正确浏览动线	1	高	认知差异
	5	退改签规则包含行李规定、购买须知、儿童 / 婴儿购票说明等，全部收起容易让用户找不到	1	高	体验问题
	6	用户想要通讯录功能	3	中	功能不满足
	7	邮寄行程单填写，需要新开页面，过程烦琐	3	低	体验问题
	8	用户希望填写收货地址时能自动代入上次填写的内容	4	高	功能不满足
	9	条款在页面最下方，用户容易忽略	5	中	体验问题
	10	没有直接展示婴儿、儿童票价格，需要让用户填完信息后才展示在明细里	4	中	功能不满足

（续）

模块	序号	问题描述	提及人数	严重度	类别
乘机人列表	1	乘机人排序规则混乱	6	高	体验问题
	2	乘机人信息有效性、完成性没有提示	2	中	体验问题
	3	用户填写的多个信息重复没有提示	5	高	功能不满足
乘机人填写页	1	缺少填写规则，用户在填写时不知所措	4	高	功能不满足
	2	国际航线填写要素太多	3	高	认知差异
	3	信息填写的引导、格式、非空报错文案不准确	3	高	体验问题
	4	页面架构层级不清晰	6	高	认知差异
添加乘机人流程	1	新用户添加乘机人填写不区分境内外航线；	2	高	体验问题
	2	流程过于复杂	1	高	体验问题

从表 7-10 中可以直观地看出测试任务中的可用性问题，比如找到每个模块界面和流程都有哪些问题，将问题归类，如在乘机人填写页中，第 1 点"缺少填写规则，用户在填写时不知所措"属于功能不满足，第 2、4 点属于认知差异，第 3 点属于体验问题，针对这些问题提出优化建议。

7.2.5　设计方案测试方法二：A/B 测试

1. A/B 测试概述

简言之，A/B 测试是为同一个目标制定两个或多个方案（如两个页面或多个页面），让一部分用户使用 A 方案，另一部分用户使用 B 方案，在同一时间维度，让目标群组用户随机访问 A 和 B 版本，收集各群组的用户体验数据和业务数据，最后分析、评估出最好的版本再正式采用。

A/B 测试是一种利用用户行为数据来进行分析以帮助网站或 APP 界面或流程优化的实验方法，是一种定量方法。其目的在于通过科学的实验设计和采集数据方式，来获得具有代表性的实验结论，从而寻找到更好的产品优化策略。一般在产品改版正式上线之前做 A/B 测试，以验证新的设计是否达到目标效果。产品上线之后，当有比较多的用户量的时候才能进行 A/B 测试，如此才能达到统计的效果。

A/B 测试的范围非常广，如可以测试页面的标题，按钮、图片和页面的布局，以及任务流程等。

根据测试的变量数，A/B 测试可分为：①单变量测试，指一次创建的对比版本只改变一个元素，可以知道单个元素变化而产生的影响。②多变量测试：指一次创建的对比版本改变多个元素，无法得知哪个元素的变化产生的影响。

根据实现的原理，A/B 测试可分为：①基于前端：主要利用 Java Script 代码在前端进行分流，此时可以记录更多细节行为数据，这种方式需要与前端工程师合作。②基于后端：用户会在客户端发起一个请求，传递到服务器端。服务器会进行计算得出要返给用户什么样的信息和内容，同时会向数据库添加一条打点的信息。这样，用户请求达到服务器之后，服务器经过一定规则计算向用户呈现不同的版本。也就是说，不同的用户看到的版本不同，这种方式需要与后端工程师合作完成。

2. A/B 测试的流程

如何做 A/B 测试？可以按确定测试目标—设置变量—设计方案—线上测试—分析迭代这个流程，下面详细说明。

（1）测试前

1）确定测试目标。在开始测试之前，我们要明确测试目标是提升页面 / 模块（Banner）/ 按钮的点击率，产品的浏览量，还是提升订单转化、提高销售额等。衡量标准通常根据具体目标来制定。以某订票平台保险购买挽留弹窗为例，目标是提升保险产品的购买率，用户如果点击"添加保障"按钮则选购成功。基于这个目标，我们也拓展出多个优化方向，期望通过 A/B 测试来验证方案，找出最优方案。

2）设置变量。达成目标的方式有多种，设计师应合理转化产品的目标，拓展多个解题方案。除了产品前期提供的丰富内容变量以外，我们也要在信息内容展示形式上拓展出多个版本。比如在内容展示上，设计师可以从信息元素大小、颜色、布局等多个维度探究更合理的答案。在设置变量环节，一个重要的前提是严格控制变量，两两对比只存在一个单一变量，只有这样我们才能判断最终的数据变动是否由某单一变量引起。

例如，在某个提醒通知弹窗优化项目中，我们确定了从两个层面控制变量：①内容层面，指文案内容；②形式层面，包括图形的强弱、信息的布局。我们还确定了衡量设计方案的指标是：触发"添加保障"按钮，选购推荐的保险产品。

3）设计方案。基于讨论的方向，我们共输出 4 版不同的方案（不包括线上版），两两对比控制了单一变量，从内容有无、图形的强弱、信息的布局等多个维度反复验证。具体方案如图 7-3 所示。

a) 优化前　　　　　　　　　　　　　　　　b) 优化后

图 7-3　A／B 测试方案

（2）测试中

1）创建测试版本和对照版本：在测试工具中输入要测试的原始网址以及该网页的变更网址。

2）发布测试：将部分流量导向 B 版本，不一定要 5∶5 分流。确认流量是如何分割到原有的 A 版本和 B 版本中的。将生成的大代码复制到网页中，生成测试并发布。流量的路径及切分的方式可以根据具体情况灵活配置。

3）发布时长：通常而言，测试时间至少要达到 3 天，最长不宜超过 14 天。测试前两天，数据可能出现大的波动而导致测试数据出现偏差。根据经验，一般新方案数据趋于稳定需要至少 3 天时间。

（3）测试后

在方案上线之后，我们要及时收集整理测试数据，将所有方案数据和指标进行对比分析，基于结果，选出更优秀的方案以达成设计目标。

我们要通过前面实验目标设置的点击率、转化率、跳出率、留存率等指标，来对比 A、B 版本的效果。获得数据结果以后，我们需要对结果进行显著性检验，可以将数据导入 Excel 或 SPSS 中进行分析，还可以用一些 A/B 测试网站提供的计算工具进行卡方检验。

例如，对上述订票平台保险购买挽留弹窗项目，为验证 A/B 测试的实验是否有效，表现为测试实验组的点击率相对于对照组有有效提升，需要对各实验组进行显著性检验。显著性检验通常用来检验在对对照组与实验组实施的不同方案的效果之间是否存在明显的差异以及这种差异是否显著，即认为测试实验组设计方案的点击率高于对照组的点击率，测试实验组设计方案显著性有效。经过检验得到如表 7-11 所示的结果。

表 7-11　A/B 测试数据对比

版本	流量（UV）	点击量	点击率
测试一	10 500	350	3.3%
测试二	10 000	420	4.2%

结果显示，两个条件相同的实验，测试一的点击率为 3.3%，测试二的点击率为 4.2%，那么能得到测试二好于测试一的结论吗？不一定，因为每个实验结果都有一个置信度，这个结果有可能是由于数据波动造成的，所以还需要确定实验的差异不是由随机噪声产生的波动。统计学中常用的置信水平为 95%，通过计算，$p = 0.001$，$p < 0.05$ 表示两组实验之间存在显著性差异。

这里介绍一个 A/B 测试在线工具[一]，用它可以简单地计算出两个总体比例的显著性差异，如图 7-4 所示。这个工具只能对两个总体比例做检验，包括但不限于点击率、

　　[一]　网站链接地址为 https://vwo.com/ab-split-test-significance-calculator/。网站可能改版，此处仅为举例，读者也可自行搜索在线工具。

激活率、注册率等转化率的数据指标，不包括展现量、点击量、注册量、线索量等流量的数据指标。

接下来，我们输入数据运行一下，结果如图 7-4 下方所示。

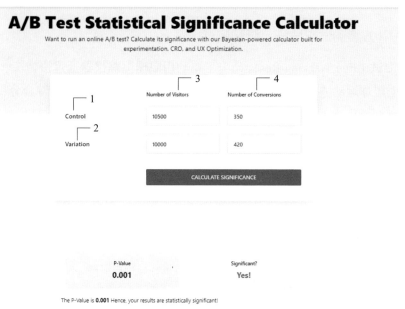

图 7-4　A/B 测试在线工具

1—控制组（原始版本），在广告优化数据分析中用于对比参照的样本

2—实验组（实验版本），优化操作后所得到的数据　3—流量数　4—转化数

在该订票平台保险购买挽留弹窗项目中[⊖] 基于点击率做 A/B 测试，得到结论：过大且唯美、抽象的图片会吸引用户的注意，使用户容易忽略更加重要的文字信息，所以新版本的弹窗中"添加保障"按钮的点击率要高于原版本，保险购买率要高于原版本。经过多方案的对比，我们最终确定了最优方案。

3. A/B 测试的局限性

A/B 测试的方法适用于诸多类型的设计问题，但它并不是完美的，有其自身局限性。首先 A/B 测试只呈现结果，不会揭示结果出现的原因。你可以通过 A/B 测试验

⊖　这里只以某订票平台产品举例，想要了解更多案例，可关注笔者的微信公众号。

证哪些元素会影响设计结果，但无法通过 A/B 测试得知这些不同元素产生不同结果的原因。其次 A/B 测试无法反馈有关用户行为的具体细节，并不能帮助你做更多、更长远的决定。A/B 测试更多的是解决当下哪个方案"更优"而不是"最优"的问题，这就需要我们根据更多的数据分析方法，结合更多的重复实验来最终推导出原因。

7.2.6 设计方案测试方法三：眼动测试

眼动测试（Eye Tracking Research）主要利用眼球追踪仪器通过摄像头、红外线等采集设备对眼球运动进行捕捉，通过终端对眼球运动轨迹等信息进行综合分析和判断。

1. 眼动测试评估方法

眼球追踪仪器记录用户的注视点和扫视点。眼动分为注视、眼跳和回视。

1）注视。为看清某一物体，将眼睛对准该物体使其成像在视网膜，这种活动被称为注视，是最主要的眼动类型。在系统默认时间内（一般为 100ms），眼睛的移动没有超过系统规定的最大范围（一般为 1° 视角），则可记为一次注视（从最先进入这个范围开始，直到离开这个范围为止）。衡量注视的相关指标有整体注视点数量和注视点时间。给予目标 AOI（Areas of Interest，兴趣区）注视点分析的指标，包括注视点个数、注视点时间、首视时间、注视指定 AOI 用户占比、指定 AOI 注视点与整体注视点占比。

2）眼跳。眼跳，指两个注视点间的移动轨迹。用户的注视不是平滑运动的，而是在一个注视点上停留，继而跳到另一个注视点，通过注视点的停留和中间的眼跳形成视觉的移动。衡量眼跳的相关指标有：眼跳持续时间、浏览轨迹。

3）回视。回视是指用户视线回到已经注视过的地方的过程，一般出现回视要么是因为用户难以理解画面内容，或者遗漏了重要的内容，要么是画面内容存在前后关联性或者内容之间产生了歧义。如果对画面中某个部分，用户回视次数比较多，说明用户对此部分可能有疑虑，设计师要注意修改相关内容，提高视觉传达效果。

眼动测试的作用总体来说是通过注视时间、注视次数和浏览顺序等眼动指标来解答"看了什么""看了多久"或"怎么看"等问题。无论是传统的互联网产品还是人工智能产品交互中的眼动研究，常见的指标都是一样的，不同的是体验目标和分析思路。眼动测试的结果基于可视化方法，如热力图（heatmap）、轨迹图（gaze plot）、眼动录像（gaze video）展示，设计师可以通过直观的图形或视频快速展示分析结果。

2. 眼动测试类型

眼动测试用于形成性研究和总结性研究。在形成性研究中，眼动测试作为观察工具进行定性洞察，发现和解释可用性问题，例如，互联网产品用户在产生交互行为前浏览了什么内容，视线在什么地方停留了很长时间，用户是否遇到了困惑？它还可以解释为什么用户做出了错误的行为，不能理解某些东西，或者花费的时间比预期要长。在总结性研究中，眼动测试用来测量方案的性能效率和吸引力相关的水平与差异，有助于指导决策。分为以下两个维度：

1）与性能相关的维度：如测量搜索效率、信息处理的简易程度和认知工作量。

2）与吸引力相关的维度：如测量显著性，通过评估显著性可以反映界面上的元素吸引视觉注意的能力。如测量兴趣，判断用户更感兴趣的区域和唤起用户情绪。

通过眼动测试结果可以判断应选择哪个设计版本，或者是否要推出产品。它提供测量和比较产品的方法，用来评估交互和视觉设计效果，进行设计方案的 A/B 测试，以及做页面广告及广告位的研究。

移动的眼球追踪仪器还可以用于实地调研。当用户走进一家无人超市，随意地查看货架上的商品时，超市摄像头会记录下这一切，并将数据与已包含面部数据的数据库交叉引用，计算出用户在哪个品牌、哪个型号的产品上停留时间更长。回家之后，当用户打开电脑或者看手机时，这款商品的广告或促销信息很可能会优先出现。

3. 眼动测试指标

在总结性研究中，眼动测试指标比其他用户体验指标更多、更细，包括注视时间（首次注视时间、平均注视时间、总注视时间等）、可见比例、总注视次数、平均瞳孔直径、任务完成时间、目标注视率、兴趣区注意力集中率等。还可以评估视觉舒适度、界面的视觉美观度等，这些通常需要对用户进行问卷调查以及在实验后做访谈来得到数据，用来了解用户在使用 APP 过程中的自我知觉和心理感知，以便知道用户在使用产品时的美学感受，帮助判断和获取符合用户心理感受的美学表达。

测试指标在不同情境下的解释会有不同的含义，本书的附录 A 中介绍了眼动测试指标及相关说明。在平时工作中，最常用的几个指标及其用途如表 7-12 所示。

表 7-12　常用的眼动测试指标及其用途

指标	解释	用途
首视时间	用户第一次关注到目标信息或目标区域的时间	判断信息的吸引力
注视时间	用户在目标信息及兴趣区停留的总时长	判断信息的重要程度
热点图	一组测试中的全部用户在页面的关注点的合集	判断用户的信息关注点
眼动轨迹	用户视线从一个信息点到下一个信息点的路径	判断页面布局的合理性

下面我们通过介绍某订票平台流程界面优化来了解眼动测试的测试流程以及在评估性能效率和吸引力两个维度方面的应用。

7.2.7　眼动测试的流程

眼动测试的流程大体上与可用性测试的流程一致，如图 7-5 所示。

图 7-5　眼动测试的流程

1. 确定实验目标

以某订票平台信息填写页优化为例，通过眼动测试研究用户使用某订票平台购买机票时在信息填写页的眼动特征和操作动作特征，对信息填写页优化设计提出建议，并在优化后进行设计方案的 A/B 测试。

2. 确定测试方案

1）实验方式：实验仪器可以采用 Tobii Pro Glasses 2 和 DG3（Dikablis Glass 3）等眼动仪进行，对该订票平台购买机票时在信息填写页进行实验。测试手机要统一选用某一型号的手机，分辨率一致，如华为 P30，分辨率为 2340 像素 ×1080 像素。还要保证测试期间所有测试手机的屏幕亮度一致，设置单次实验时间为 2～5 分钟。

2）实验材料：为了保证用户在实验过程中能还原真实体验，确保数据的有效性，实验可以开发 SDK（软件开发工具包）版本进行测试，有些也可以采用静态的原型图进行测试，但要与实际发布上线的产品功能一致，并且根据需要准备两个或多个测试方案。SDK 版本的好处是在实验过程中，可以通过点击切换不同的测试方案，便于被试完成测试。

3. 招募测试用户

本次实验我们招募了 30 名用户。在形成性研究中，招募用户的数量与问题发现目标有关，在《眼动追踪：用户体验优化操作指南》[⊖] 书中提到了形成性研究需要的样本量表。假设你想用 0.25 的平均可发现性（p）来检测问题，这些问题在 1/4 的用户中都能检测到，你还希望能够检测到这些用户中的 85%，那么你需要 7 个测试者。在总结性研究中，一般会招募 30 人左右进行测试。在招募用户过程中还要注意用户均无色盲、色弱等缺陷症状，被试的裸眼视力或矫正视力经过核验都在 1.0 以上，没有戴隐形眼镜及涂睫毛膏等，否则会影响测试效果。

4. 正式测试

1）实验任务：使用某订票平台完成一次购票（8 月 18 日从上海到大连）。

2）测试中实验流程如下：①打开某订票平台 APP；②在首页通过搜索控件搜索 8 月 18 日从上海到大连的机票；③在搜索结果页中选择合适的航班，点击"下一步"按钮；④在信息填写页中填写信息，点击"下一步"按钮；⑤退回主页面。

测试完，在任务结束后，以用户访谈的形式针对用户浏览时的表现，询问用户的理解和操作行为。对 APP 的使用体验做出评价，通过热点图和眼动轨迹分析用户眼动和操作行为，对结果进行分析。

5. 数据分析、形成测试报告

针对不同的研究目标，我们选取的指标不太一样，前面提到我们工作中最常用的工具和指标是热点图、眼动轨迹、首视时间（首次进入兴趣区时间）、注视时间。眼动结果提供页面中不同信息类目的用户关注程度，设计师可以根据热点图和注视时间

⊖　博伊科.眼动追踪：用户体验优化操作指南 [M].葛缨，何吉波，译.北京：人民邮电出版社，2019.

来判断用户是否看到了产品规划中的重点信息。如果用户的视线与产品意图不符，需要设计师考虑修改。接下来我们一一分析。

从图 7-6 所示热点图中，我们可以看出用户最关注的是最下面兴趣区里的价格元素，从轨迹图中可以看出用户首次到达的兴趣区也是价格。而这个页面设计师的预期是希望用户先核对航班信息—选择或填写乘机人—填写联系人信息—购买保险或增值产品—勾选服务条款—下一步，与实际差距有些大。通过访谈得出结论，用户未选择乘机人数前 APP 展示价格，用户对价格产生了疑惑，所以接着寻找"返回"按钮，到上一页核对信息。这样的设计干扰了用户的正确浏览动线，因此需要优化。

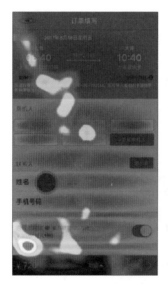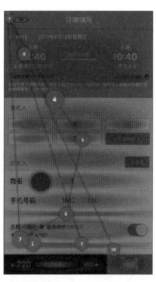

图 7-6　优化前的热点图和轨迹图（方案一）

经过前面的眼动研究，我们洞察了问题点以后，对页面的布局进行了优化，如图 7-7 所示。实验获得的数据包括眼动数据和页面偏好数据，指标数据如图 7-8 所示。

我们又进行了一次眼动测试，通过热点图、眼动轨迹和数据指标进行分析，得到表 7-13 的结论。图 7-7 所示热点图中的不同颜色代表被试的不同注视时长，红色代表注视的时间长，接下来是黄色，绿色代表注视时间最短。从热点图可以看出，方案一与方案二的注意区有明显的不同。从眼动轨迹可以看出，方案二要好于方案一，用户的浏览动线也符合设计师的预期。

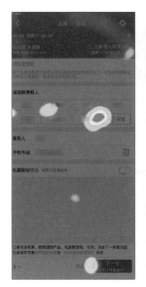

图 7-7 优化后的热点图和轨迹图（方案二）

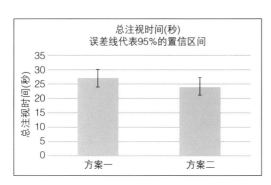

a)

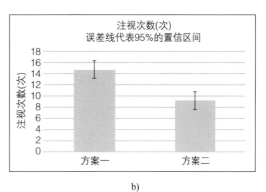

b)

c)

图 7-8 指标数据

表 7-13　优化前后方案的对比说明

指标	方案一	方案二	说明
扫视路径	长	变短	扫视路径越短说明用户获取所需信息的路径越短，页面信息布局越合理
首次进入兴趣区时间	长	变短	被试的搜索效率变高，时间越长，目标区域越难被注意到
注视次数	多	变少	整体注视点数量与搜索效率呈负相关，注视次数越多说明页面的信息提取难度越大，越少说明页面信息的布局合理性越好
总注视时间	长	变少	总注视时间越少表明用户获取的效率越高

总结，方案二比方案一在扫视路径、首次进入兴趣区时间、注视次数和总注视时间方面的数据都好，由此可见优化后的方案二是成功的。

7.2.8　眼动测试的具体应用

1. 在广告中的应用

（1）广告投放位置的测试

眼动追踪特别适合评估营销漏斗中的前两个阶段：注意和兴趣。为了评估"注意"，可以测量参加者对内容、位置的注意程度，测量哪些地方引起了他们的注意？对哪些地方，他们只是一扫而过？为了评估"兴趣"，可以测量参加者在做出购买决策时花费的时间。

一个好的触点，需要让受众注意到广告主想传播的东西，如图 7-9 所示。我们要先了解广告受众的注意力，以及广告测量中的关键问题，在场景中广告出现的可见性和受众情绪。在广告正式投放前，我们需要合理地对内容、位置、尺寸等可控因素做评估。

从图 7-9 中我们可以看到中间的位置关注比例最高，有 94.44% 的受众看到了该广告，那么该位置的效果应该最好。所以我们可以看到用户在不同媒体、页面上的注意力分布明显不同，广告位处于页面第几屏会严重影响广告的可见性。我们要选择合适的触点，最大化广告效果，从而优化媒体的选择。

图 7-9　广告投放位置示例

（2）广告位置的负面影响

广告主希望在页面显眼的位置放置广告，但平台方又不希望广告影响用户的正常浏览，甚至忽略了重点内容。因此平台方也常常需要对广告给用户浏览习惯带来的负面影响进行评估。

如何了解用户对哪种广告更反感？可以通过用户对不同方案（位置、大小、呈现方式……）的眼动反馈和关闭广告的行为做比较，从而较好地对广告的负面影响进行研究和验证。在实际应用中，对广告效果和负面影响的评估通常同时进行，以寻求一个"有效传达广告信息和不骚扰用户"的平衡点。例如，去哪儿 APP 在机票搜索结果列表页加载航班列表时植入广告，既缓解了用户等待加载的焦虑和枯燥又增加了广告的曝光度。

（3）广告内容测试

如图 7-10 所示为某化妆品广告的热点图和浏览轨迹。

通过热点图我们可以看到用户在广告创意中看重注意哪些元素，通过对元素注意度的监测，了解消费者注意创意中的哪些细节。热点图中颜色越偏红，说明被试的注意时间越长，越关注广告内容。图 7-10a 中注意度的排序是代言人 > 广告标题 > 广告语。

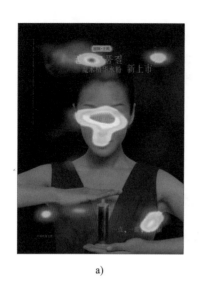
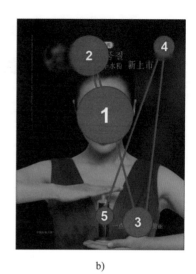

a)   b)

图 7-10　热点图和浏览轨迹

通过浏览轨迹，我们可以了解受众观看广告的综合路径，了解用户在查看广告时的整体顺序，并通过用户首先注意的区域判断这个元素的显著性。如图 7-10b 所示，用户首先被代言人的脸部吸引，其次转到顶部广告标题，再次向下搜索观察，最后看向产品。

图 7-10 的注意度和注视时间数据如图 7-11a、b 所示。此处的注意度是指首次注视时间，即首次通过某兴趣区内的首个注视点的注视时间。首次注视时间越长，证明被试对该元素的兴趣越大，可以衡量各元素在创意中的突出程度，评估广告元素转化用户注意的能力，帮助设计师从细节上优化广告创意。注视时间是指用户在各元素上停留了多久，通过了解各元素的注视时间，可以了解各元素吸引用户注视的具体表现。

从图 7-11 中我们可以看出，产品元素的注意度非常低，原因是产品与代言人的衣服颜色相同，在衣服的背景下产品不突出。因此可以提出的优化建议是：更改代言人的服装颜色，或者将产品图片变大以突显产品。此外，用户在产品、品牌标识上停留的时间太少，原因是品牌标识难以识别和记忆，因此可以提出的优化建议是：品牌标识中受众最注意的是中文部分，将中文部分适当放大，方便受众辨认。另外，代言人的衣服颜色与产品一致，导致产品无法引起受众关注，建议更改代言人的服装颜色。

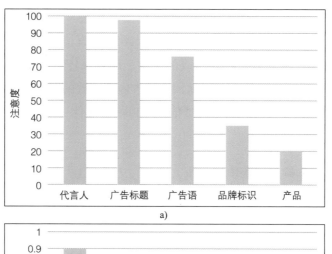

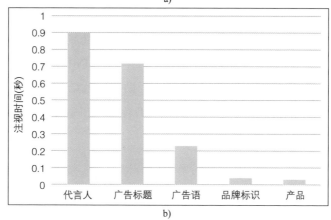

图 7-11 注意度和注视时间数据

（4）移动互联网广告注意事项

移动互联网广告创意需要抓住有限的沟通时间。 眼动研究结果显示：在强制独占类广告中，消费者对视频前贴广告的平均注意时间约为 10 秒，对于开屏广告的平均注意时间为 3 ~ 5 秒。在非强制独占类广告中，消费者的平均注意时间不到 1 秒。可见，用户关注广告的时间非常少，如何在互联网环境中让广告成功进入消费者的大脑呢？必须注意以下几点。

- 突出注意：应用色彩、动画等创意，吸引消费者的注意；
- 简单明了：创意的主体元素内容不要过多；
- 内容整合：传达的元素与品牌或大的活动有密切关系；
- 共鸣：传达一些与个人相关的能够引起共鸣的或独特的内容。

在同样大小和位置的广告位上，注意度也会有差异。用同样强度的扫视，产生的注意度可能会相差 1 倍，此时就需要靠广告内容设计直接影响广告的效果。借助眼动测试，可以判断广告上吸引用户视线的元素、广告想传达的重点元素（Logo、产品名、宣传词……）的视觉效果，由此评估广告内容设计的合理性。在相同的广告位上，好创意的效果是普通创意效果的 2 倍，所以好的媒体 × 好的创意 = 数倍的广告效果。我们要改进创意，增强广告效果。

2. 在新能源汽车导航系统中的应用[⊖]

目前大部分新能源汽车的人车交互形式，还是以触控交互与语音交互为主，蔚来、理想、小鹏等新能源汽车不断升级中控屏，将车机、娱乐等功能都集成在中控屏内操作。比如理想汽车甚至已经将物理操作按钮数量简化到很少，特斯拉的中控也主要通过触屏操作，非常简洁。语音交互如蔚来汽车的 NOMI Mate 2.0 车载智能伙伴提供 Mate 专属语音，驾驶员可以通过与智能语音助手进行语音交互发布命令，如打开车窗、关闭收音机、开始导航等，触屏交互与语音交互相结合能够缩短驾驶员的反应时间。

但随着多通道人机交互技术不断发展，结合增强现实技术，眼动交互方式将会变成一种应用普遍和广泛的人机交互方式。因为眼动交互与脑控交互相比，自由性更强和更成熟；与语音交互相比，应用场景也更丰富；与手势交互相比，反应更灵敏，耗费的体力更少，尤其是在汽车驾驶过程中，能有效减轻驾驶员的认知负荷和手的操作负担。

以眼动交互运用于驾驶员与汽车导航系统交互为例，目前，驾驶员通过触控屏和物理按键与汽车进行交互，将导航需求输入导航系统，然后由导航系统输出相应的导航信息；或者驾驶员通过语音与导航仪进行交互，但是语音识别的准确性还需要进一步改善和提升。特别是在驾驶员行驶过程中遇到汽车过隧道，信号薄弱；会车或者并行时与其他汽车保持车距；疲劳监测，以及使用导航半途需要更改目的地等场景中，使用触屏与语音交互仍会影响驾驶的安全性。

⊖ 此处只是介绍眼动测试在新能源汽车导航系统中的应用，不能作为您的投资和购买依据。本书中提到的其他公司、产品名称也只起举例作用。——编者注

有些车型（如理想 ONE）将导航植入仪表盘中，随着技术的革新，更有车型通过 AR-HUD 抬头数字显示器把路况信息映射到风窗玻璃的全息半镜上，比如飞凡 R7 上的华为视觉增强 AR-HUD 平视系统（见图 7-12），是一项颇具行业前瞻性的技术，使驾驶员不必低头就能看清重要的信息，将更多的精力保持在观察路面上，可以减少由驾驶员观察远方路况与查看导航信息频繁切换视线带来的视觉疲劳，提高驾驶员驾驶的安全性。

图 7-12　华为的 AR-HUD

那么如何将眼动交互应用到 AR-HUD 中？

1）可以通过眼动交互实现对收音机、音乐播放的基本控制（如执行播放、暂停、上一个、下一个等操作）及接听和拨打电话，也可以用语音输入导航地址后通过眼动交互确认或者切换路线等。

首先，眼动交互分为眼控应用、用户界面操作。基于人机交互的原则和导航系统设计的产品功能，我们可以将注视、眨眼、扫视三种眼动信息定为眼动交互的操作语义。其次，对眼动交互、鼠标交互与触控交互进行交互语义匹配，如注视—页面激活/选中，眨眼—手指点击，眨眼两次—双击放大，扫视—手指移动；又如通过眼动技术控制鼠标，并通过注视进行目标对象的选择等；再如通过眼睛注视不同的字母按键的方式来进行文本输入。再次，可通过眼睛的注视控制界面中的按钮，以及将眼动姿势（如眼睛左移、右移、眨眼、上移、下移）作为不同的交互输入命令来进行不同的控制。最后，进一步拓宽眼动交互的智能辅助功能。

但是在注视激活页面、文本输入及选中的交互语义中，注视的时间阈值要在 100ms 以上；为了避免无意识的眨眼造成误判，单次眨眼的时间阈值为 500ms；还有为了减少无意识的扫视给导航页面带来干扰，页面必须先经过注视激活，才能进行扫视交互语义的操作。导航系统采用语音交互作为辅助的交互方式来进行文本输入，以提高导航系统整个交互体验的人性化和高效性。

2）可以通过眼动仪记录驾驶员在转弯、超车、前方路况不明等复杂情景下的相关数据，进行分析得出相关结论，为提升辅助驾驶方面的安全性能提供方向指导。同时有眼动跟踪技术支持的汽车，通过对驾驶员的视线进行跟踪，可察觉驾驶员的心理和生理状态，然后及时给予驾驶员提醒或者警告，如当驾驶员疲劳驾驶或酒驾时。

3. 在元宇宙 /AR/VR 中的应用

元宇宙是一种超越现实的数字化虚拟世界，目前处于起步阶段，利用前沿科技正在改变人们的生活。元宇宙覆盖的领域包括商业、智能制造、医疗健康、协同办公、教育、文化旅游、数字城市等。运用场景有数字会展、全景导览、线上购物体验、虚拟课堂、新型教学产品、职业培训、虚拟演艺赛事、元宇宙社交、影音制作等。

元宇宙的交互终端包括虚拟（VR）、增强（AR）、混合现实（MR）终端，以及全息展示及体感终端（浮空投影、裸眼 3D、空间成像），虚拟终端有虚拟现实一体机，如虚拟现实头戴式显示设备、PC 虚拟现实设备。对于设计师而言，虚拟与现实世界的融合将通过不同的终端呈现，这必然会催生出新的设计语言。那么眼动追踪可以用于哪些方面呢？

1）眼动追踪可用于虚拟现实头戴式显示（简称"头显"）设备中，如用于注视点渲染，即优化 VR 图像渲染的清晰度、降低头显功耗。因为随着 VR 头显的视场角、分辨率等不断提升，对于 PC 配置的要求也越来越高。通过注视点渲染有望优化计算效率，从而降低对 PC 显卡、算力的要求。

2）眼动追踪可以和姿态识别结合，用于理解用户的实际意图。比如，在模拟投掷等运动交互时，眼动追踪可引导画面和注视点同步，使体验感更好。

3）眼动追踪也能用于优化视觉效果，比如，动态调节瞳距，或是配合可变焦 VR 显示屏实现动态变焦，从而缓解视觉疲劳，提升画面清晰度。

4）眼动追踪和注视点渲染也可用于降低内容传输对带宽的要求，解决有线或无线 PC

VR、云 VR 的延迟问题。

5）通过眼动技术，应用计算机视觉、自然语言处理等智能技术，可改善人机智能交互体验，并加强数字人的多场景应用。

可用性测试、A/B 测试以及眼动测试等研究方法，可以帮助我们在形成性研究中洞察体验设计的问题，找到优化点；在总结性研究中辨别设计方案的效果，评估用户体验的水平，希望大家在平常工作中能够使用这些方法，辅助设计。在接下来的一章，我们将学习数据驱动设计的案例。

第 8 章 用数据驱动设计的实践

8.1 用户转化漏斗模型

一个完整的用户旅程包括站外渠道、展示创意、抓取或投放 URL、落地页、辅助转化内容及 CTA（Call To Action，行为召唤）、产品（转化流）共六个核心接触点。如图 8-1 所示 是完整的用户旅程。

图 8-1 完整的用户旅程

其中每个环节都需要设计师运用设计手段处理，最终呈现给用户。设计师在整个环节中一方面站在用户角度帮助用户获得产品价值，另一方面辅助运营、产品及业务方提升业务指标。设计师可以针对业务指标进行数据走查，分析哪个环节比较薄弱，找到在各环节中通过体验设计可以提升的机会点。

我们可以进一步通过用户转化漏斗模型，在获客阶段，即图 8-1 中的站外渠道—展示创意这个环节，进行广告投放物料优化和落地页优化。在用户对产品产生兴趣下载 APP 后，就开始接触产品，通过各种流程来体验产品，在这个阶段我们可以进行产品转化流优化，如图 8-2 所示。

下面我们将主要针对每个环节如何发挥设计价值进行一一举例讲解。

⊖ 来源：张溪梦，等 . 首席增长官：如何用数据驱动增长 [M]. 北京：机械工业出版社，2017.

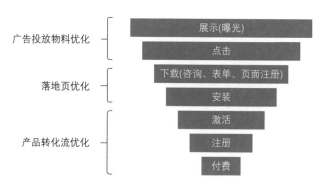

图 8-2 用户转化漏斗模型

8.2 广告投放物料优化

8.2.1 广告投放的分类、场景

广告投放分为效果类和曝光类两种，效果类一般可以直接度量投放的效果，曝光类以高曝光品牌宣传为主。对于任何一次投放活动，我们都必须界定它的目标产出。只有在清晰的效果衡量体系下，渠道数据的对比才有意义，多渠道的 ROI 才有可比性。

效果类的投放渠道有 SEM（360、百度、神马、搜狗的 PC 和移动端）、品牌专区、外网投放、头条效果（今日头条、抖音）、安卓效果（华为、OPPO、vivo、小米、应用宝信息流）、SEO；曝光类的投放渠道有移动曝光（微信广告、搜狗信息流、神马信息流、百度原生信息流）、PC 曝光（广告联盟、广点通）、安卓应用市场、腾讯微视、爱奇艺、快手等。广告投放素材的效果受环境影响，所以设计师要了解这些投放渠道的产品特性，在进行素材设计的时候既需要考虑设计稿在环境中的品牌识别性，又要考虑产品如何在环境中脱颖而出，吸引用户的眼球，进而形成转化。

在广告投放中，对于设计师来说，广告素材（创意）是设计可以发力的点，常用的广告创意形式有横幅广告（Banner）、文字链广告、视频广告、嵌入式社交广告、SDK 嵌入式移动广告等。广告投放最小颗粒是广告素材（创意），每一个投放计划都可能包含多个广告素材的投放。广告计费也是根据广告素材的曝光、点击、展示时长等计费方式的数值进行计算的。

197

信息流展示广告

目前在互联网广告投放中最常见的形式就是信息流展示广告了，比如，当你使用微信、微博等社交媒体浏览好友动态的过程中，在今日头条浏览资讯或在抖音、腾讯视频浏览内容时，不经意出现的广告就是信息流广告了。信息流展示广告出现在信息流推荐频道与信息流本地频道，与资讯形式一致，很容易被人当成一篇文章而点击浏览。信息流展示广告目前有图文（大图/小图/组图/动图）和视频两种形式，如图 8-3 所示，其中，视频可以支持不超过 10 分钟的时长。

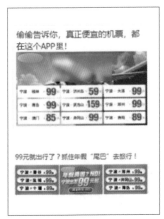
a) 信息流图+文

b) 朋友圈广告

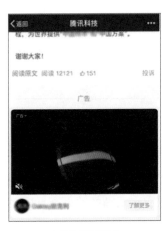
c) 底部视频广告

图 8-3　信息流展示广告的类型

8.2.2　影响因素和衡量指标

广告投放的效果受广告曝光、创意转化率以及用户行为的影响。广告曝光的两大影响因素分别是用户匹配度和广告出价，用"广告或创意展示量"指标来衡量效果；创意转化率的两大影响因素分别是用户匹配度和创意吸引度，用 CTR（点击率 = 创意点击量 / 展示量的比值）衡量效果；广告中影响用户行为的因素有：感知个性化、感知相关性、点击意愿、APP 满意度及品牌态度，这些指标需要通过问卷来获得。

作为设计师，我们可以通过提升创意吸引度，结合用户感知个性化与相关性，增加用户点击意愿，有效提升 CTR。

8.2.3　如何通过优化素材提高点击率

移动互联网时代，各种各样的媒体和媒体信息分散了消费者的注意力，而在去媒体的环境中，消费者的行为模式不再是先被吸引注意力，我们要以消费者兴趣为出发点来提高广告的 CTR。那么如何通过优化素材勾起用户的兴趣呢？下面主要介绍 ISMAS 法则[⊖] 中的"兴趣"。

素材包括"文案"和"图片"，通过文案和图片的优化，可使用户产生兴趣。在引起注意这方面，文案产生的作用是 22%，图片则占到了 78%！而在唤醒记忆这一方面，文案以 65% 优于图片的 35%。所以，文案的作用是唤醒记忆，图片的作用是引起注意。如图 8-4 所示。

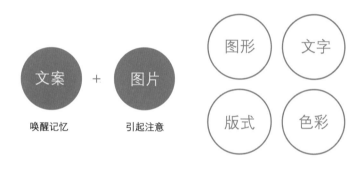

图 8-4　产生兴趣的文案和图片

1. 什么样的文案吸引用户点击

通过不断测试，我总结了以下几点供大家参考（以航空、旅游行业为例）：

（1）从用户视角出发，掌握用户痛点，注意感知相关性

1）了解用户痛点（不知道去哪里玩、不知道什么时候买机票便宜、不知道在哪里买机票便宜……），用户场景（休息、工作、上下班路上），用户需求（去那里做什么？是旅游、回家、探亲还是出差？如果是刺激用户旅游，告诉用户哪里有好玩的，而且什么时候在哪里买机票比较划算是最好的）。

⊖　ISMAS（兴趣、搜索、口碑、行动、分享）法则是广告传播模型，由北京大学刘德寰教授提出，是根据移动互联网时代人们生活形态的改变（用户的主动性增强），针对传统的理论模型提出的改进模型。

2）了解用户人群特征，针对不同人群搭配不同的文案（价格敏感型：打价格牌；友情、亲情、爱情型：打情感牌；旅行达人型：挖掘景点独特之处；"上班族"：缺少假期，像某订票平台想推国际短程航线，可以根据航班时间强调晚去早回，去周边国家加上周末只要三天，说走就走）。

3）利用或制造短期需求，然后给出一个马上可以实现的解决方案，再赋予这个方案强烈的情感冲击。

4）感知个体相关性，如"根据您的个人情况而给出的建议""为您定制"这样的文案。

（2）文案口语化（利用用户窥探心里）

告知用户不了解的，或与常识不符的信息，如"人人订票都用这个，天天优惠，便宜到哭"。

（3）选择用户能快速感知价值的卖点

给消费者提供详细可对比的数据，如购买的人多，让用户联想到大家都觉得这个好。

（4）让产品与热点相关联

热点具有时限性、地域性，敦促用户点击。例如，"9元""便宜死了""仅限今天""仅限宁波"这样的文案。

2. 什么样的图片吸引用户点击

1）设计原则：构图简洁、标题清晰、整体协调、主次分明。

2）选图原则：能诱导消费者产生兴趣和感情，引起消费者购买该商品的欲望，直至促使消费者产生购买行动。

下面仍以航空、旅游行业举例。

（1）选图方法

① 人物：人物类选图方法如表8-1和图8-5所示。

表 8-1　人物类选图方法

人物	说　明
女性	形象青春活泼、热情洋溢，能唤醒目标消费群体的出游动机
亲子	启发式、温馨的画面，亲子游是让孩子开阔眼界、增长见识的方式。一家人快乐的旅行，留下美好的回忆，增进亲子关系
情侣	见证爱情，共同经历考验，突出浪漫、神秘、神圣、探索感
闺蜜、朋友	甜蜜、友谊、亲密无间、团结、欢乐感

图 8-5　人物类选图示例

② 景点：熟知旅行平台热推的目的地及景点，找到热度高、网红或小众的景点，激起消费者的探索欲或打卡心理，如图 8-6 所示。

图 8-6　景点类选图示例

③ 运动：根据季节性推荐目的地热门活动，如海岛浮潜、攀崖，雪季滑雪、泡温泉等，如图 8-7 所示。

④ 节庆：各国家 / 地区的具有民族特色的节日，如泰国水灯节、我国傣族泼水节等。

⑤ 季节：添加季节性元素，如秋季赏枫等。

⑥ 美食：找到每个目的地的特色美食，挑选合适的图片激发用户食欲，如重庆火锅等。

图 8-7　运动类选图示例

（2）文字（标题）

标题字体简洁，文字不超过图片 1/3，留有空白区，文案才能更容易凸显，快速传达广告内容。

分清主标题和副标题，从主次上来说，主标题为主，字体要大，颜色要醒目，排版要求重点突出，大小粗细错落有致，字体保持为 2 种左右，加入一些跟内容有联系的元素或者图形，可以更好地表达整个设计的含义。

可以根据不同目的地的风格设计字体并规范成模板。

当用户感知到的购买好处多于购买成本后，用户就有足够的动力采取行动，所以我们需要优化价值主张，突出利益点，让用户迅速感知。

（3）版式（构图）

版式包括对角、左右、居中、上下共 4 种，如图 8-8 所示。

图 8-8　4 种版式

（4）色彩

在视觉传达过程中，色彩是第一信息，用户对色彩的感知和反射是最敏感和强烈的，通常从色相、明度、纯度三个维度表现色彩。色相是我们所知道的冷、暖色，如电商用红色传达营销信息已经形成共识。明度适用于表现空间感，也能用以突出重要信息。纯度通常指色彩饱和度，是强烈还是沉稳。

对色彩的选择可根据以下推广主题来决定：

1）促销类的素材，可选取对比强烈的配色，增加画面冲击力，以吸引用户眼球。

2）品宣类的素材，注意与品牌调性保持一致，可以是用户品牌标准色。

3）其他素材，如航空、旅游、航线与目的地推广，可与选取的图片素材主体调性呼应，浪漫可选取偏紫色系图片，海岛可选取蓝、绿色系图片表达清凉等。

8.2.4　增长实验分析测试方法

针对同样的图片使用不同的文案，再针对同样的文案使用不同的图片，从而实现创意的交叉对比，这样我们就可以分别了解效果最好的文案和效果最好的图片，也可以知道哪一组文案和图片结合的效果最好。

在细分不同创意时，我们首先根据选取的种类（如风景类、人物类等），从 3～7 分对所有图片进行分类。如果使用同一种类的三张照片，我们规定为套图。投放前，我们为每一个创意都设置了链接，每个链接对应相关的流量数据（浏览量、退出率、平均停留时间等）。点开每一个链接后，还可以将"点击下载"按钮设置为一个事件进行追踪。这样我们就能清楚地知道每一个创意把流量带到落地页之后的互动情况，并预估最后的下载量。

在信息流广告投放过程中，我们不断根据目标人群偏好，准备多套素材，进行多次测试，沉淀出各渠道点击率较高的素材，形成素材库并制作模板，以提高效率。在平时工作中，设计师要学会设立目标，并且拆解出影响目标实现的关键因素，将它们逐个击破，方能百战不殆。

8.3 视频广告优化

视频也是广告信息植入的载体，视频广告是将静态素材变成了动态视频，它能提升信息的传播量并加强冲击力。短视频已经成为在线广告的趋势，特别是信息流中的视频广告，可在连接 Wi-Fi 状态下自动播放，效果要优于信息流展示广告。

随着短视频的红利到来，各大平台如淘宝布局内容化战略让商家通过短视频的方式进行产品的推广，将首页短视频比例提升至 30%，抖音也在扩大兴趣电商的范围，先用短视频、直播等内容流来激发用户的潜在兴趣，实现深度"种草"、高效成交。抖音平台的商品和广告的渗透率超过 15%，十分接近主流信息平台的广告加载率。

8.3.1 短视频广告的影响因素及衡量指标

8.2.2 小节提到过广告投放的效果受广告曝光、创意转化率以及用户行为的影响。短视频广告创意转化率的两大影响因素分别是用户匹配度和创意吸引度，用 CTR 和播放时长来衡量短视频广告创意吸引度的效果。比如，淘宝首页推荐里的短视频，内容与用户的兴趣相关性越高，用户越容易点击，而抖音的视频播放形式是一条条往下滑，用户在感兴趣的视频前停留的时间（即短视频播放时长）越长，表明用户对视频的记忆度和喜爱度越高。

以上两个指标受多种外部因素共同影响，包括促销、商品品牌、价格、平台推荐机制等。我们可以通过提升素材的创意吸引度，结合用户的感知个性化与相关性，增加用户点击意愿，有效提升点击率（CTR）和播放时长。

8.3.2 如何通过优化素材提高点击率和播放时长

当你投放短视频信息流展示广告时，用户滑到你的短视频时，是否会停留，有哪些维度会影响用户？《巨量引擎短视频广告价值白皮书》[一] 中总结出下面四个维度：

1）广告具有视觉冲击力。

㊀ 巨量引擎 . 巨量引擎短视频广告价值白皮书 [EB/OL]. （2021-1-31）[2022-09-08]. http://finance.sina.com.cn/tech/2021-01-31/doc-ikftssap1973349.shtml

2）内容简单聚焦、重点突出。

3）消费者能与内容产生共鸣。

4）素材独特。

短视频的黄金时间是前 5 ～ 7 秒，广告主需要在黄金时间内快速抢夺用户的注意力。吸引力是短视频的重要设计和评价标准。

在视觉冲击力方面，设计师要利用专业的设计手段，从"**形、色、字、构、质、动、图**"上来对需要刺激用户行为、心理感官感觉的信息元素进行包装，合理放大主次信息，引导用户完成设定好的浏览动线。利用多样的设计手段（包括色彩心理学、图形映射、样式风格、心理塑造、交互动态、眼动规律等）对剪辑的素材进行视觉化的包装以达到吸引注意力的效果，增强短视频的视觉冲击力，从而达到提升转化率（行为引导）和观看体验的效果（即将五感六觉效应放大）。

在内容方面，视频开头要用引导停留或制造悬念等手法，内容方面要介绍重点的产品和福利，短视频广告中最重要的是剧情，它决定了广告的转化率。内容的呈现容易对用户产生视觉的冲击，引起共鸣、共情，进而形成强有力的记忆。

以某货运平台投放的短视频广告为例，如图 8-9 所示，视频开头女演员拦着男演员不让其说话的情景，向用户展示出女演员担心男演员说太多而影响平台赚钱的心理，由此，用户更加好奇男演员要表达的内容，也对男演员的叙述更加信任。男演员的叙述较为真诚，用户较为专注地了解到产品运费低至 20 元和多至 11 种车型等特点，这样便较好地提升了视频中的产品推荐效果。

该短视频的画面整体呈现暖色调，让用户能在干净清新的画面中接收产品推荐信息。画质清晰，画面表现自然，呈现出良好的视觉效果。Logo（标识）的存在明确了品牌信息，持续加深用户的品牌感知。人物经过美颜效果处理，提升了画面品质。尾帧加入落地页展示，深化了品牌形象，提升了用户对品牌的印象。低价格商品的短视频业务效果（CTR 指标）更容易受到设计因素的影响，画面色彩的亮度和饱和度特征对 CTR 的影响最为明显。

视频素材来源于情景剧片段，传递的信息较为丰富。视频剪辑方式为正常剪辑，视频衔接流畅，让用户不会产生观看断点。部分镜头有景深效果，在排除其他画面

图 8-9　某货运平台投放的短视频广告

干扰的同时，增强了画面层次感，明确区分画面主次。视频有男性配音和女性配音，配音字幕位于画面下部，并通过不同颜色展示出关键信息，让用户可以快速抓住重点信息。视频背景音乐由多段拼接，利用不同的音乐风格配合剧情的发展。因此该短视频的播放量、点击率、点击转化率都较高。

其他几个方面也可以优化，如下：

1）标题：20～30字标题获得高推荐量。

2）关键词：关键词越清晰，系统越容易推荐。

3）高频词：选取高点击量的词汇。

4）封面：封面与内容相关，点明标题，呈现精彩画面，比如展现最好看的一帧，能够吸引人点击。

5）发布时间，7～10点，17～19点，23点～次日1点这些碎片化时间，用户比较容易打开手机来休闲娱乐。

在抖音创作者服务平台和企业服务中心可以查看数据概览，把整个视频拆解到更细的颗粒度，精准定位点击率高的关键镜头；如此分析之后，我们就会清晰地知道视频的哪一段有问题、哪部分有吸引力，通过提高广告视频关键帧的留存率，大幅增加播放时长。如图8-10所示为某美妆产品的视频数据概览。

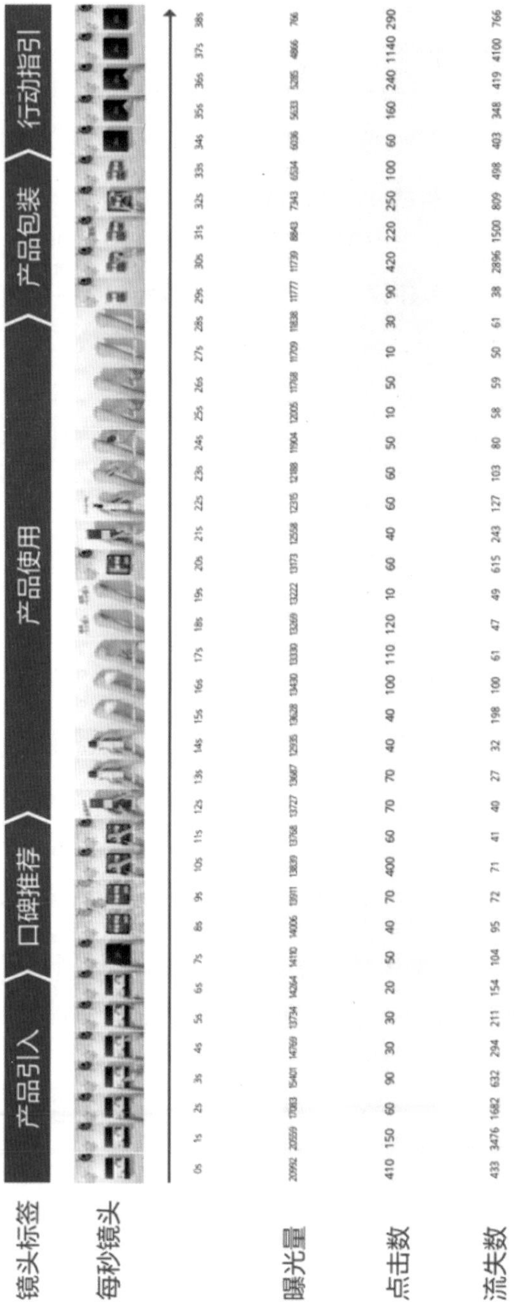

图 8-10　某美妆产品的视频数据概览

通过更细颗粒度地拆解，我们会发现该美妆广告视频内容前 5 秒为最佳组合形式：留存率最佳的"黑屏文字＋提出问题与用户互动"形式比留存率最差的"产品画面＋促销机制"形式的留存率高了 340%。

短视频广告智能评价方法

可以通过预测短视频广告效果，形成数据驱动的设计优化链路，再让人工智能赋能设计评价，从用户感知、美学等多个维度对设计结果进行量化评估，从而为设计师提供更加客观有效的参考建议，为其在设计过程中的决策和优化提供重要依据。对生成结果的评价和反馈机制，为短视频生产提供了有效的优化策略，展现出数据驱动的评价方法在设计体系中的价值。建立短视频吸引力评价体系，基于真实的短视频及业务数据，分析和挖掘影响视频效果的关键设计特征，构建出短视频评价模型，实现对短视频的业务效果预测，从而为短视频设计者提出相应的优化策略和投放建议。

8.4　落地页设计优化

基于用户获取路径和关键接触点的分析策略，一个完整的用户旅程包括站外渠道、展示创意、抓取或投放 URL、落地页、辅助转化内容及 CTA、产品（转化流）共六个核心接触点。在这六个接触点中，落地页是承接流量的一个重要触点，它的目标是转化用户（注册／下载 APP）和商品（购买），同时也可提升渠道 ROI。

一个细节的优化，可能带来转化率的大幅提升。然而，优化落地页该从哪些方面着手？如何找到影响落地页转化的关键因素？怎样通过数据分析构建页面迭代闭环？

8.4.1　什么是落地页

落地页是用户被广告吸引并采取行动后，点击站外渠道的 CTA 按钮后，URL 跳转落到的第一个页面，它是营销漏斗的第一个环节。这里的广告是指把用户吸引到落地页的任意形式的媒介，如线上站内的 Banner 位、站外的朋友圈广告、搜索引擎广告、AppStore 介绍页、活动推广图，线下的电梯广告、户外广告等。落地页做得好与不好是非常重要的，非常影响后期的转化率，所以落地页被称为"黄金一页"，也叫"昂贵的一瞬间"。

8.4.2　落地页的目标与场景

1. 目标

在优化落地页来提升转化率前，我们要明确落地页的目标。什么是目标？目标（Goal）是指网站、APP 期望用户完成的动作。结合业务需要，我们通常会给用户定各种各样、大大小小的期望目标，如阅读完一篇文章、完成一次注册、绑定一张银行卡、用 ×× 支付成功等。

任何落地页有且只有下面三个目标中的一个：

第一，**获取用户**，主要场景有引导用户下载、搜集线索、引导注册。

第二，**提高活跃度**，如电商型为活动引流、内容型为引导用户阅读和浏览。

第三，**获取收入**，引导用户购买商品、促成交易等。

2. 每个目标对应的具体场景和用户行为

（1）第 1 种场景：获取用户——引导点击下载 APP

如图 8-11a、b、c 所示，百度地图信息流展示广告的落地页设计目标，是希望更多的用户完成下载行为，所以下载量是核心指标，通过对这个指标进行拆解，得到下面这个公式：

$$下载量 = 访问用户量 \times 第一步的 CTR \times 第二步的 CTR$$

虽然在工作中，我们可以直接获得下载量的数据，但利用公式计算下载量，主要的意义是观察中间的流程，建立漏斗，了解每个步骤的转化率和流失情况，如第一步的转化率是 80%、第二步的转化率是 20%，那么我们就要去排查第二个页面上是否出现了问题。为了减少转化流失，有的引导点击下载 APP 的设计是从视频广告直接进入应用市场（见图 8-11d、e）。

图 8-11　用视频广告引导下载 APP

最初大家最关心的数据是下载量，但用户下载了应用不一定会安装，安装了应用也不一定会使用，所以激活量后来成为这个阶段大家最关心的数据。

什么是激活量？是新增用户数量，即新增启动了该应用的独立设备个数。从字面上看，这更应该是促活（Activation）的指标，因为下载量、安装量这些数据都比较虚，不能真实发现用户是否已经被获取。所以激活量才能真正反映出获取到多少新用户。

（2）第 2 种场景：获取用户——引导用户填写信息以便搜集线索

落地页上有收集用户信息的表单，通过用户留联系方式、报名参加活动、领取福利等方式搜集线索，如图 8-12 所示。

图 8-12　填写表单的设计

例如，GrowingIO 的报名落地页设计目标，是希望更多的用户完成报名，所以"报名成功用户量"是核心指标，通过对这个指标进行拆解，得到下面这个公式：

$$报名成功用户量 = 访问用户量 × 表单填写转化率$$

这种类型的页面可以通过 A/B 测试对比转化率（报名成功用户量 / 报名访问用户量），例如，测试填写手机号码与不填写手机号码哪种转化率更高，进而优化表单内容，当然也要结合我们必须获取的信息内容进行优化。

（3）第 3 种场景：获取用户——引导注册

这是指通过提供一些奖励或福利，引导用户填写手机号码，注册成为会员，如图 8-13 所示。

a)   b)

图 8-13　今日头条引导注册的广告

我们最希望得到的是更多的注册用户量，所以核心指标是注册成功用户量，拆解目标得到公式：

$$注册成功用户量 = 访问用户量 \times 注册转化率$$

在互联网金融领域，产品会通过发一些红包或者体验金引导用户注册，然而注册不是最终目标，最终用户要使用该红包或优惠券才算转化成功，一旦用户注册完，到首投前还要经历实名认证、绑定银行卡、风险测评等流程，可以通过首投前准备的流程转化率判断注册用户的质量。

为了提升首投前准备的转化率，我们需要简化流程。如果表单填写总共有 10 项内容，无疑增加了用户填写的难度。如果总体转化率低，从漏斗中可以看到填写到哪个步骤，用户流失较多，用户是不是遇到了问题，进而改善。

在表单填写页面中，完成的每一项输入，都可以被看作一个小的转化，它可以体现用户在产品中的体验是否满意，帮助我们关注和发现并优化产品体验问题，以便为用户提供更好的体验。

（4）第 4 种：提高活跃度——导购或直接售卖产品或服务

如苏宁易购、京东等一些电商在进行大促的时候，会为活动引流，增加曝光，如图 8-14 所示。

在一些节日经常有活动促销，通过投放广告吸引用户打开 APP，增加日活、月活。活动引流的目标取决于产品所处的阶段，像共享单车类补贴的活动，就是以拉新或促活为目标，但像"双十一"这些成熟电商平台的促销活动，目标应该还是提升销售额。提升销售额的公式拆解如下：

$$销售额 = 访问用户量 \times 购买转化率 \times 客单价$$

（5）第 5 种：获取收入——导购或直接售卖产品或服务

如图 8-15 所示，从今日头条点击携程广告进入机票列表页，引导用户选购机票；用户选择心仪的航班，点击后进入购买 / 预订流程，最终至下单，这里落地页的作用是引导用户至购买流程转化漏斗，最终目标是北极星指标——销售额。公式拆解如下：

$$销售额 = 访问用户量 \times 购买转化率 \times 客单价$$

a)

c)

d)

图 8-14　为大促活动引流示例

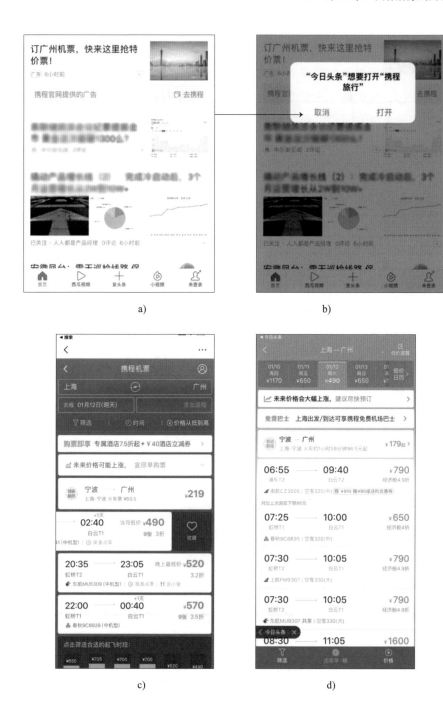

图 8-15　引流至购买流程转化漏斗示例

8.4.3 落地页的影响因素及衡量指标

我们如何衡量落地页的效果？如何评价落地页的好坏？需要通过数据来量化，并且要先建立指标，再拆解。一般落地页的业务指标是转化率或跳出率，那我们要找到影响转化率或跳出率的因素进而拆解出更细的指标。

1. 影响因素

影响落地页转化率和跳出率的因素有内因和外因，内因主要是落地页质量，外因是用户匹配度。

2. 衡量落地页质量的指标

以用户接触和使用产品的路径为主线，在触达—行动—感知—传播—回访的过程中，对触达环节主要考察的指标是吸引度，对行动考察的是完成度，对感知考察的是满意度，对传播考察的是推荐度，对回访考察的是忠诚度。落地页主要处于触达及行动这两个环节，可以从吸引度、完成度、性能三个维度来分析。

（1）吸引度

以提升吸引度为目标，可以将其分解为引起注意、能够理解、产生兴趣、产生行动，达到这些目标会产生这些信号：用户知道此页面的商品和信息，能够理解页面和功能，在页面上能找到想要的内容/商品，更多用户在页面上有点击行为，用户在页面上有更多的点击行为，产生购买、注册、下载等。

这些信号对应的衡量指标有第一次到达目标区、注视时间、PV/UV、页面停留时长、CTR、转化率、UV点击占比等，我们可以通过眼动测试、用户点击行为分析、转化漏斗、A/B测试、热力图等工具测试和分析这些指标。

例如，落地页的标题或文案或图片一开始就吸引了用户的眼球，如果条件允许，我们可以在用户操作页面的过程中，用眼动仪追踪用户的眼球和视线的移动，分析用户在页面上的视线和关注点，以评估交互和视觉设计效果。

1）通过眼动测试找到用户第一次关注到目标信息或目标区域的时间，用来判断信息的吸引力。

2）通过注视时间了解用户在目标信息及兴趣区停留的总时长，判断信息的重要程度。

3）热点图：用来判断用户的信息关注点。

4）眼动轨迹：用来判断页面布局的合理性，了解最先引起用户注意的点，是否与我们预设的一致。

如第 7 章中介绍的，眼动测试可以收集用户的页面操作行为习惯，建立操作行为库（User Behavioral Pool），提供正反面的验证以及用户案例。眼动测试还可以评估设计效果，有针对性地迭代产品。眼动结果可显示页面中不同信息类目的用户关注程度，设计师可以根据热点图和注视时间来判断用户是否看到了产品规划中的重点信息。如果用户的视线与产品意图不符，需要设计师考虑修改。

如果条件不允许，没有眼动仪，那么可以通过热力图对整个页面的元素点击率排名，点击率最高的，也许是用户最感兴趣的；用户在此页面停留时间很长，也可以证明用户对内容或者商品比较感兴趣，用户花了很多时间了解它，但是用注视时间来衡量可能更加准确。因为用户也有可能是在此页面上花了很长时间填写信息，遇到了困难，对此种情况需要加以辨别。

经历了引起注意到产生兴趣，再到产生行动，点击 CTA（行为召唤）按钮，落地页的转化就算完成了，这个衡量指标更适用于以吸引度为主要衡量维度的场景，例如，以获取用户为目标的引导点击下载 APP/ 注册场景的落地页。

（2）完成度

适用于以获取用户为目标的引导填写信息、搜集线索场景、以获取收入为目标的导购 / 直接售卖产品或服务促成交易的落地页，因为转化的目标要经历几个流程，涉及大流程漏斗转化与小流程转化。

可将完成度目标拆解为是否完成与完成效率，成功的信号有完成该流程与操作的比例提升，对应的衡量指标有操作完成率（一次成功率）、操作时长、错误率等。完成效率可以表现为操作减少了，操作流程时长更短了，用户能快速找到想要的内容了，可以分别用完成整个流程的点击数或步骤数、操作总时长、进入页面首次点击的时长这些指标来衡量。

根据产品类型不同，在评估落地页质量时，以上几个维度的权重也是可以有区分的。比如，产品类型可根据目的分为信息型（以展示、引流、介绍为目的的，如首页）和工具型（如开通流程、商品发布页面等需要用户操作较多的）。相应地，信息型产品更关注吸引度的目标是否达成，工具型的产品更强调完成度目标的达成。

（3）性能—稳定性

与性能相关的因素和指标有页面加载时间、关键帧时间等，加载速度越快越好，时间越少越好。其实现信号表现为页面打开快、图片加载快，我们可以通过性能测试来衡量。

8.4.4　用户匹配

1. 什么是用户的匹配度

用户点击创意文案进入落地页，如果落地页的内容跟用户的需求相符合，用户被激活或者转化的可能性就更高；否则用户就会认为刚才的理解有误，然后跳出。

2. 什么是正确的用户

落地页是用户接触产品的起点，不同渠道的用户进入落地页，因渠道与用户特征不同，用户转化也不同。例如，来自百度和360的用户在进入官网后的转化率是不同的。不同渠道的用户的特征不同，需求也不同。

3. 用户匹配的影响因素

用户匹配的影响因素包含推荐算法的精准度与用户触达率。

4. 优化方法

我们可以通过大数据对用户行为打标签分群，对每个用户群特征有一定了解。再梳理用户核心行为，为用户在流程中访问的各页面设置权重，建立用户购买意愿指标，然后区分用户价值，了解各等级用户的购买偏好再分群运营，进而不断推动转化率的提升。

例如，针对不同渠道的用户，市场需要制定不同的推送和不同的落地页，以提高针对性；产品经理也要关心用户的分类，根据用户对产品的使用行为，为不同用户群体制定不同的运营策略，以优化不同的产品特性。

对销售人员来说，根据与用户沟通的结果来找到正确的受众和决策者，也是一个寻找正确用户的过程。

所以我们常常会针对不同广告媒介和不同广告来源以及不同城市或地区等不同来历的用户进行相应的策划，做到千人千面，为每一组细分人群提供不同的落地页。

8.4.5　落地页的优化

通过业界通用的 LIFT（Landing page Influence Functions for Tests）模型的六个因素设计和优化落地页，如图 8-16 所示。

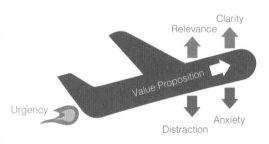

图 8-16　LIFT 模型

LIFT 模型是 WiderFunnel 公司提出的，是用于测试落地页影响力的一个函数。LIFT 模型指出有六大因素会直接影响转化率，可以通过优化这六大因素提升转化率。

给转化率提供潜力的载体是价值主张（Value Proposition），因此，它是六个转化因素中最重要的一个，其他五个因素或推动或阻碍转化。其中相关性（Relevance）、清晰度（Clarity）和紧迫感（Urgency）是我们可以测试的用来提升转化率的推动因素。焦虑感（Anxiety）和注意力分散（Distraction）是需要在页面上减少的阻碍转化的因素。

接下来我们来学习如何优化价值主张、相关性、页面清晰度，减少注意力分散，增加紧迫感，减少焦虑感。

1. 优化价值主张

优化价值主张是为了让落地页的内容与用户的感知更匹配，让用户更愿意响应行动号召。当用户感知到的好处超过感知的成本时，用户就有足够的动力采取行动。测试价值主张能给转化率带来显著的改变。

例如，某家装平台，发现广告落地页的转化率一直提升不上来，为了获得更多从搜索引擎过来的用户注册，提升落地页的点击率和注册转化率，制定了优化方案，并借助 A/B 测试进行了为期 15 天的实验。初始流量从 10% 开始，根据用户的数据反馈逐步调整流量分配。如图 8-17 所示。

a) 优化前—原始版本   b) 优化后—实验版本

图 8-17　优化价值主张示例

我们进行了价值主张的优化，"为 1000 位客户节省 40%" 比 "为您节省费用" 更具体，相比而言 "为您节省费用" 几乎没有意义，人们很难相信一个模糊的概念。

从广告文案和受众之间的相关性来看，相比原始版本的 "家装怕猫腻？了解家装前 3 步，为您节省费用"，事实上实验版本的 "从毛坯到精装，这样装修最省钱……节省 40%" 与业主目前的需求更加贴合，利益相关性高。

我们只是通过一个简单的改变就带来了期待的增长，"用小成本撬动大价值带来 KPI 的巨大影响。" 在实验运行后期得到了不同版本对注册转化率的影响数据，实验版本相比原始版本，注册人数增加 27%，页面的注册转化率提高了近 30%，这样便找到了更好的促进销售的方案。

2. 提升落地页与前面的创意内容的匹配度（相关性）

一家 OTA 在百度上做付费推广，假如推广创意文案是 "机票一折起"，但是点进去的落地页却是酒店促销内容。这样，用户基本不会在网站上找机票的促销内容，特别是在移动端，用户在落地页上的注意力只有几秒，发现不匹配，用户会马上跳出。

你的页面应该是访问者愿意接受的，并且和导入链接具有一致性的词语、图像、色彩和布局，如图 8-18 所示。如果不这样，访问者就有可能迷失方向，跳出页面而流失。

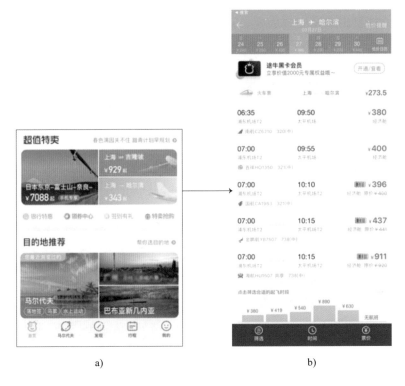

图 8-18　相关性设计示例——色彩一致性

例如，从图 8-18 所示的"超值特卖"中，用户看见"上海—吉隆坡"是 929 元起便点击，点进去后发现最低价是 1 277 元，与前面入口给出的价格心理预期不一致，这很容易让用户产生不信任感。

就像某机票预订平台，用户从"普吉岛 9 元特价机票快来抢"点进去，在落地页上展示的是"上海—其他"地方的航线，或是用户浏览了一屏都没找到该条航线，再或是根本没有 9 元票价，用户顿时感觉被欺骗，进而影响该机票预订平台在用户心中的形象。

在优化过程中，我们通过获取定位信息，根据用户定位所在城市默认出发地，精准推荐航线并且按价格从低至高排列，让落地页与引流内容保持强相关性，降低了至少 15% 的跳出率，从该渠道引流的机票购买转化率也有所提升。

3. 页面清晰度优化

内容和设计是影响清晰度的两个首要方面，因此我们需要优化落地页的信息层级、视觉流、图片、文案及 CTA 按钮等。

清晰度包括内容清晰度和页面设计清晰度两个方面。内容清晰度是指保证用户理解内容的时间最少。页面设计清晰化的目的是使内容更容易被用户接受，好的设计是用来增进内容的传递而不是把用户的注意力吸引到设计本身。

如图 8-19 所示为某理财产品落地页，经过分析，发现原始版本存在许多清晰度不够的问题，如 CTA 按钮的可读性不强，以及图文布局的缺陷打断了视觉的流向等。

a) 优化前 b) 优化后

图 8-19 清晰度设计示例

优化后版本改善了潜在用户在页面上的视觉流向。将产品的左右结构调整成上下结构，弱化了产品名称，对理财产品的最吸引用户购买的"收益率"进行强化，放大并突出 CTA 按钮吸引用户注意力。最终，优化后版本的转化率明显高于优化前版本。

所以我们需要审视页面是否足够清晰表达价值主张或者 CTA 按钮。在内容清晰度方面，需要保证图片和文字搭配使受众容易理解。图片和文字互相补充，相互作用增强价值主张，引导潜在用户去响应 CTA。

4. 减少注意力分散

注意力分散包括把注意力从首要信息和 CTA 移开的任何事物。研究表明，页面上提供太多的选项往往让人不知所措，会降低转化率，如图 8-20a 所示。访问者需要处理的视觉输入和行为选择越多，他们做出转化决定的可能性就越小。

通过热点图，计算页面各模块的点击排名，通过点击排名可以判断用户点击热度及感兴趣的内容。减少页面里将用户的注意力从主要的价值主张信息和用户召唤行为上引开的元素。

如图 8-20b 所示，我们可以看到"¥138.00"与"特价：买 1 送 1"的点击率很高，通过排查，我们发现这两处文案根本就不是点击按钮。真正的点击按钮是最下面的"提交订单"，这些元素误导了用户点击，分散了其注意力。通过热点图，我们发现问题所在。

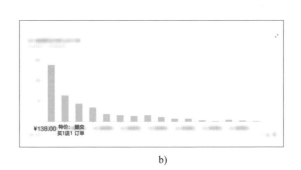

a)　　　　　　　　　　　　　　　b)

图 8-20　减少注意力分散示例

我们设计的时候常常被问一个问题："你为什么要用这个元素？"有时候设计师为了画面饱满，用了一些说不出理由的元素，反而让画面更加杂乱。在设计行业，做加法容易，做减法难，有些设计看上去简单但很能体现一名设计师的功底。

所以，我们在内容和设计上要化繁为简，并且要注重用户体验。请记住不要给用户在操作时造成负担，减少让用户等待和思考的步骤，尤其是在一些重要又复杂的功能上，如填写注册信息表单、支付流程等。简化是减少用户流失的有效方法之一。

5. 降低焦虑感

焦虑感可以理解为有阻碍转化的因子，比如用户在转化过程中会纠结哪些问题，如怕隐私泄露？产品不好用？网站加载速度慢？要完成很多步骤？对品牌和支付不信任？

因此我们要提升产品的可用性、易用性，降低用户的努力度，并且增加信用背书，获取用户的信任。

如图 8-21a、b 所示，通常在接送机的信息填写页，用户一看到大堆的表单要填写就会感到很焦虑，而携程通过智能代入搜索过的信息来减少操作负担。在填写订车人手机号码时，会提示司机将通过虚拟号联系乘客，减少用户对信息泄露的焦虑。

如图 8-21c 所示，网易考拉在用户购买商品的每个环节通过不同强度的提示，如弹窗、标签、气泡等形式，反复做正品保障背书。

如图 8-21d 所示，去哪儿网在用户搜索机票时，通过下拉加载时露出广告不但减少用户等待的焦虑感，还能为广告主带来更多曝光，平衡了商业目标与用户目标。

6. 制造紧迫感

通过内容的设计，我们可以提升访问者的紧迫感。紧迫感体现为打造时效性、稀缺性，形式上表现为限时或限量，那么我们来猜想一下，限时与限量哪种紧迫感更强烈？答案是：限量强于限时。

图 8-21　降低焦虑感示例

经过研究发现，消费者对数量限制产生更强的冲动性购买，可能是因为消费者在发现自己处于同别人竞争同种产品的情况下，会产生较强的行为动机，从而赋予产品更多的购买价值，形成较强的冲动意愿。并且，数量限制代表产品数量是有限的，只有一部分人才能够拥有，数量限制能够使消费者产生区别于他人的欲望。消费者会为了有"与众不同的感觉"，对数量限制产生更强的心理所有权。

如图 8-22a、b 所示，在线酒店预订网站 Agoda 在订房时，会提示有多少人也在浏览该酒店信息及"7.5 折仅限今天"，促使用户赶紧买单，不然享受不了优惠了。如图 8-22c 所示，淘宝的淘抢购通过"手慢无"和"××秒就换新"等文字，强调紧迫感。如图 8-22d 所示，某 OTA 平台强调 ×× 位用户正在浏览此航班以增加紧迫感。这样做既能营造抢购氛围，又能极大促进转化。

a)

b)

图 8-22 制造紧迫感示例

c)　　　　　　　　　　　　　d)

图 8-22　制造紧迫感示例（续）

　　不同行业的不同产品，不同目标的落地页，其提升转化率的具体方法有所不同，比如，如何优化电商店铺的商品转化率、如何提升 APP 的注册下载转化率、如何提升小额信贷产品的转化率……具体方法都不同，但核心还是对业务和用户的了解，找到其影响因素，利用 LIFT 模型审视和优化落地页。只有针对性地了解用户，针对不同的业务，我们才能制定出不同的优化方案，再通过数据分析提出假设，小步快跑进行迭代实验，检验假设并进行复盘和反馈，从而快速提升转化率。

8.5 产品转化流设计优化

8.5.1 什么是产品转化流

产品转化流，顾名思义，是产品流程的转化率，用户使用一款产品，要达成任何一个目标，大多会经历各种任务流，这个过程中的每个步骤都可能有用户流失。转化率是在一个周期内，期望行为目标用户占总目标用户的比例，包含注册转化率、购买转化率、活动转化率等，可以衡量一个产品的用户需求强弱，评价产品设计的好坏，对比流程和渠道权重。

8.5.2 产品转化流转化率影响因素

无论是什么产品和流程，我们都需要了解影响用户产生行为的关键因素，了解用户在这个过程中的动机／动力、阻碍／阻力、担忧，在适合的场景给予助推、奖励。在第 6 章，我们介绍过一些增加动力、助推、奖励的方法和案例。从图 8-23 中，我们可以看到某订票 APP 乘机人信息填写页是如何通过增加动力、消除担忧、减少阻力、刺激决策来转化的。

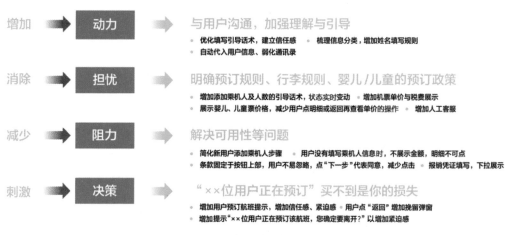

图 8-23 提升转化的关键因素

在整个预订流程中，乘机人信息填写页的转化率最低，流失最高。我们通过定性和定量分析研究，找到设计机会点，根据提升转化的关键因素，进行优化。在增加动力方面，我们的策略是优化引导信息帮助用户理解，加强与用户的沟通效果；在消除担忧方面，我们的策略是明确预订规则、行李规则、婴儿 / 儿童的预订政策；在减少阻力方面，我们的策略是解决可用性等问题；在刺激决策方面，我们的策略是增加信任感、紧迫感。附录 B 提供了产品转化流的优化模板。

8.5.3　如何进行产品转化流的优化

关于产品转化流的优化，我们的转化思路如图 8-24 所示，共包括以下六步：

1）明确转化目标。

2）建立转化漏斗，找出关键流失节点。

3）锁定目标人群。

4）分析典型行为特征。

5）验证显著性特征。

6）优化转化流程。

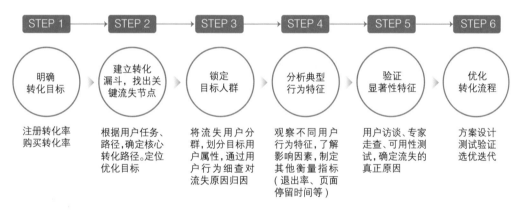

图 8-24　产品转化流优化思路

1. 明确转化目标

通过在线旅游行业案例，介绍通过数据挖掘提升购买转化率的方法，来看具体怎么提升产品购买流程的转化率。

如图 8-25 所示，要优化某订票平台的购买转化率，我们先定义北极星指标——提升购买转化率。优化购买转化率，首先要了解用户购买的核心流程，某订票平台以用户到达支付页算订单创建成功，并以此计算购买转化率。然而用户可以通过不同入口（如特价活动专题页、航班列表页等）进入（信息填写页—附加产品 & 服务选择页—支付页）核心流程。

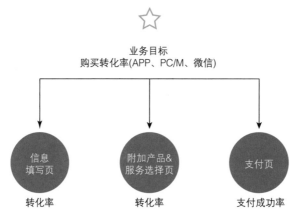

图 8-25 明确转化目标

2. 建立转化漏斗，找出关键流失节点

在创建漏斗前，我们可以先观察用户的高频行为路径，挑选用户量较高的路径建立漏斗。我们发现大多数用户是通过机票查询这个入口进来，因此我们可以先确定建立此路径的转化漏斗。

转化漏斗建好以后，找到路径中流失率最高的步骤，如图 8-26a 所示，信息填写页转化率较低，流失率较高。用户进入信息填写页一般是对航线、时间、价格满意的，到此页面的用户购买意愿较高，但是转化率却很低。我们猜想是否是页面和流程体验的问题或者是品牌视觉问题，因为此页面需要用户完成信息填写的任务。

我们还可以通过"维度对比"细分不同广告来源、城市、手机型号等的转化情况，通过"用户对比"细分不同分群以及新用户的转化情况，我们发现新用户占总用户的 69%，可见平台的新用户较多，我们还可以看到新用户在第 3 ~ 6 步的转化率略低于总用户，如图 8-26b 所示。

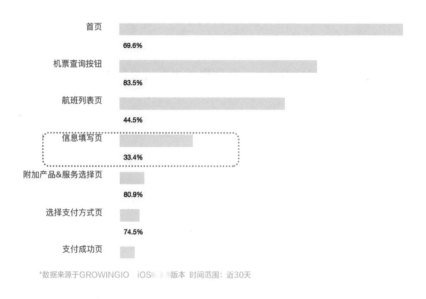

a)

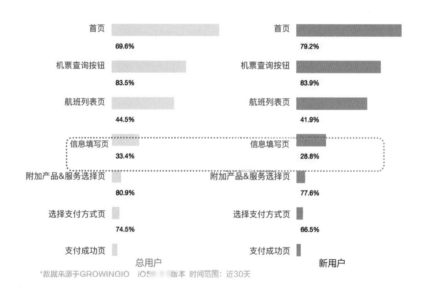

b)

图 8-26　建立转化漏斗，找出关键流失节点

通过转化漏斗，定位问题，接下来将先针对信息填写页进行详细分析。

3. 锁定目标人群

接下来通过用户细查找到流失原因。先将到达乘机人页面的用户分群，细查用户行为（细查近一个月内访问次数为1，在航班列表页流失的新用户行为），将用户遇到的问题归因。

通过用户细查我们发现关于"请添加乘机人"和"请勾选条款"的报错数量占比较高，首次添加新乘机人流程烦琐，用户在航班列表页看时间对比价格，到信息填写页才真正看到含税价格（特别是国际航班，含税价差较大），所以导致这一步流失非常多，如图 8-27 所示。

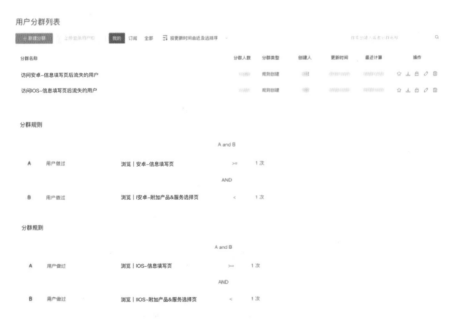

*数据来源于GROWINGIO iOS███ 版本 时间范围：近30天 细查近一个月内，访问次数为1，在乘机人填写页流失的新用户行为

图 8-27　用户分群

如果用户在航班列表页流失，那可能是因为时间和价格不合适，如果时间和价格都合适，用户点了"预订"，却在信息填写页中流失了，那一定是前面选了机票价格低的那款产品，但是那款产品是要绑定保险的，到了信息填写页发现不能取消绑定保险，就放弃了而返回前一步骤选择其他产品；还有就是到了这个页面才展示含税价

格，与用户预期差异较大等。

前面我们猜想可能是页面或流程问题导致用户流失，于是我们开始排查页面和流程的体验问题（见图 8-28）。

图 8-28　锁定目标人群，通过用户细查对流失原因归因

4. 分析典型行为特征

下面通过热点图工具，观察用户的点击情况，如图 8-29 所示为该页面的点击分布排名。

页面（信息架构、内容、品牌视觉模块）排查

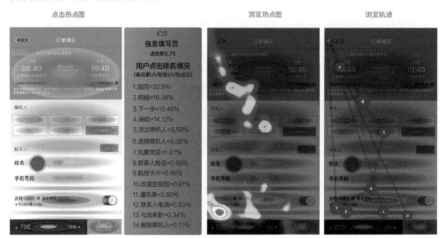

a)

页面转向

离开率		7.4%
航班列表页面		31.5%
信息填写页		13.7%
		12.3%
附加产品&服务选择页		11.6%
特价专区活动页		7.4%
		6.3%
		4.2%
公共网页控制器		2.1%

页面受访人数 ↕ 上一页	页面受访（次数 | 比率）↕	受访总时长占比 ↕	平均停留时长 ↕	离开率 ↕
6,584	28,316 | 3.7%	1.9%	00:00:19	7.4%

*数据来源于TALKINGDATA　iOS　版本　时间范围：近30天

b)

图 8-29　分析典型行为特征，提出假设

从点击排名来看，①点"返回"占比较高，与页面转向数据相符；②"明细"的点击率过高，用户尚未选择乘机人，就出现价格，是否引起用户疑惑？③添加乘机人分别取了两种数值，如果根据上次乘机过的用户做默认推荐，"添加乘机人"的点击率会比较低，在没有提供默认乘机人的情况下，点击率较高；④用户点"下一步"报错"请选择乘机人"较多，当有默认推荐乘机人时，用户会误以为已选择；⑤"勾选条款"的报错概率也很高，OTA 直接把勾选改成文字提示，用户点条款文字链可读；⑥点"退改签规则"链接的用户需求不是特别高，有可能是提示信息已经展示在外面；⑦"通讯录"功能用得比较少。

通过眼动测试工具，我们可以观察到用户浏览注意点的分布与视觉浏览轨迹，发现用户对金额和明细的关注较多，浏览轨迹也与我们预期的不符，用户到这个页面应该是从上自下地核对航班信息、选择或填写乘机人信息等。通过观察该页面的页面流向，发现返回至上一页（航班列表页、秒杀活动专区页、特价机票详情页）的用户占比非常高，对此我们感到非常疑惑，为什么选好航班后用户又变卦了？

5. 验证显著性特征

我们将这些问题整理成访谈提纲，回访用户，召集用户进行了测试。我们通过可用性测试进行了流程体验的排查，如图 8-30a 所示。我们发现新用户添加乘机人信息的流程，没有区分国内、国际及地区，一名新用户在这个环节要经历 4 步，从添加乘机人小漏斗中，我们发现每一步都有不必要的流失。最大的问题出现在新增乘机人填写页（见图 8-30b）上。

在访谈和测试过程中，我们发现大部分用户在实际操作过程中遇到了以上问题，也证实了以上假设，问题总结如表 8-2 所示。通过可用性测试，我们分析了测试结果调研的数据，可以作为优化后评估设计方案效果的依据。针对每个页面，我们收集了用户反馈的意见，根据反映问题的人次和严重度，我们定义每个需求点的优先级。此外，我们还分析了该页面的"退出率""页面停留时长"等用户行为数据，用来与优化后的效果做对比验证。

流程体验排查–可用性测试　　　　　　　**测试任务流**

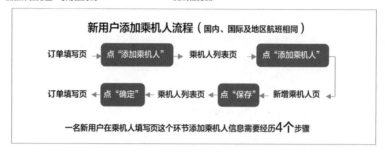

可用性测试结果

任务	平均完成率（%）	平均用时（s）	效率(%/s)
步骤1	95%	2.1	45.23
步骤2	99%	2.3	43.04
步骤3	76%	13	5.84
步骤4	100%	2	50

用户填写ASQ结果统计

题号	用户	1	2	3	4	5
1.该任务完成过程是否便捷？		3	2	2	4	2
2.任务完成所花时间是否满意？		3	4	3	3	3
3完整任务所支持信息是否满意？		3	3	4	3	4

a)

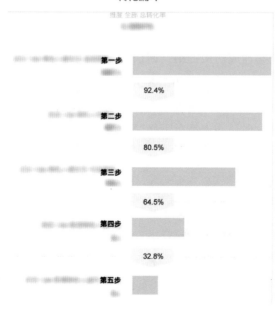

b)

图 8-30　访谈用户找到原因

表 8-2　可用性问题总结

页面	问题点	反映问题人次	严重度
订单填写页	1.航班卡片信息占比较大，特别是在往返或联程、空铁空巴联运场景中，航班卡片信息几乎占据半屏以上；	2	中
	2.选择/填写乘机人模块，标题为"乘机人"，描述容易让用户误解，特别是有默认推荐乘机人时，用户会以为已经选上了乘机人；	4	高
	3.乘机人默认选中，用户以为不需要选择，预订后发现乘机人不是将要出行的人；	3	中
	4.用户还没选择乘机人，就默认展示一个成人的价格，干扰了用户的正确浏览动线；	1	高
	5.退改签规则包含行李规定、购买须知、婴儿/儿童购票说明等，全部收起容易让用户找不到；	1	高
	6.用户想要通讯录功能；	3	中
	7.邮寄行程单填写，需要新开页面，过程烦琐；	3	低
	8.用户希望填写收货地址时能自动代上上次填写的内容；	4	高
	9.条款在页面最下方，用户容易忽略；	5	中
	10.没有直接展示婴儿、儿童票价格，需要让用户填完信息后才展示在明细里	4	中
乘机人列表页	1.乘机人排序规划混乱；	6	高
	2.乘机人信息有效性、完成性没有提示；	2	中
	3.用户填写的多个信息重复提示	5	高
乘机人填写页	1.缺少填写规则，用户在填写时不知所措；	4	高
	2.国际填写要素太多；	3	高
	3.信息填写的引导、格式、非空报错文案不准确；	3	高
	4.页面架构层级不清晰	6	高
添加乘机人流程	1.新用户添加乘机人填写不区分境内外航线；	2	高
	2.流程过于复杂	1	高

6. 优化转化流程

在优化过程中，我们做了以下调整，如图 8-31、图 8-32 所示：

1）用户未选择乘机人时，金额展示"–"，不展示"明细"，该页面的目标是希望用户在此填写乘机信息，避免打断用户从上至下完成信息填写的动线。

2）精简信息：联系人不需要展示姓名。

3）优化信息层级：①将航班详细信息收起，缩短航班信息在页面的面积；②将退改签说明、行李规定、购买须知等用户关注的信息分类以标签的形式展示；③增加"请选择乘机人"

提示；④将邮寄行程单新开页面填写改为下拉展示，减少页面间的跳转。

4）增加机票单价与税费展示，减少用户点"明细"或返回再查看单价。

5）增加人工客服，实时解决用户在信息填写过程中遇到的问题。

6）取消"勾选条款"，用户点"下一步"默认同意条款。

7）点"下一步"增加提示"预订增值服务"等。

图 8-31　界面和流程优化一期

图 8-32　新用户添加乘机人界面优化

　　针对前面发现的国内、国际及地区航班新增乘机人流程相同，且流程过长的问题，在优化时我们区分了国内和国际及地区，简化了流程。在优化前，一名新用户在乘机人信息填写页这个环节添加乘机人信息需要经历 4 个步骤，优化后，国内航班新用户添加乘机人信息仅需要 1 步，国际及地区航班添加乘机人信息仅需要 2 步，如图 8-33 所示。

图 8-33　新用户添加乘机人流程优化

　　通过眼动测试，我们发现优化后的用户视觉浏览动线符合预期，减少了价格展示因素的干扰，用户进来第一步就是选择添加乘机人。通过可用性测试验证，任务完成率、填写效率、满意度均有提升，转化率也有了一定的提升，如图 8-34 所示。

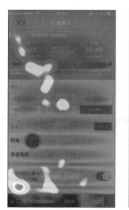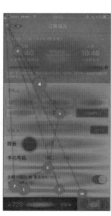

a) 优化前　　　　　　　　　　　　　　　b) 优化后

图 8-34　眼动测试结果对比

页面和流程优化一期我们主要针对页面和流程进行了优化，解决体验问题。二期我们又对该页面进行了进一步的优化，目标是想促进转化。我们在文案上进行了 A/B 测试，当用户点击"返回"按钮时，我们增加了挽留弹窗，一方面告知用户有多人在浏览该航班，不早点下单会错失优惠价格。我们为此尝试了很多组文案，最终以测试结果较好的"该航班仅剩最后 2 张票，您确定要离开？"大规模使用。另一方面用来收集用户点击"返回"按钮的原因。当用户点击"返回"按钮三次时，会触发调研弹窗，以便了解和确认用户的意图，积累下一步优化的依据，如图 8-35 所示。

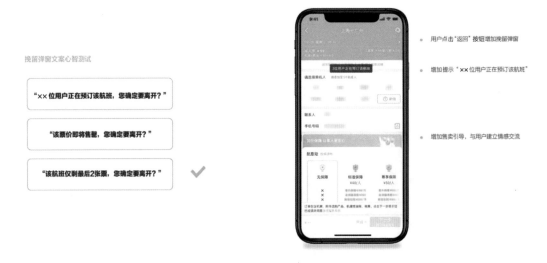

图 8-35　信息填写页优化二期

本章介绍了在实践过程中用数据思维搭建增长指标体系，使用数据分析方法，并得到验证。我们在工作中持续通过数据发现问题—提出假设—验证方案—择优迭代形成闭环，并且采用 A/B 测试的方法进一步确认设计方案的效果。通过用户体验优化，带来了转化率的提升，也证明了该方法的价值。

附　　录

附录 A　设计师需要关注的指标及其说明

A.1　数据指标

GMV（Gross Merchandise Volume），指一段时间内的成交总额。GMV = 流量 × 转化率 × 客单价。多用于电商行业，并将其作为北极星指标，一般包含拍下未支付订单金额。在电商定义里面是成交金额，实际是指拍下订单金额，包含付款和未付款的部分。例如，京东公布 2020 年 6·18 购物节销售数据：从 6 月 1 日 0 点到 6 月 18 日 14 点，累计下单金额达到 2 392 亿元，刷新纪录。6 月 18 日开场前 10 分钟，京东超市整体成交额同比增长 500%。

总访问时长，指网页受访时长的总和，是反映该网站用户黏性的指标。例如，行政审批网上服务大厅 2016 年全年网上大厅总浏览量 53.144 0 万人次，总访问时长 8 785 小时。

ARPU（Average Revenue Per User）= 总收入 / 用户数，即每个用户平均收入。它注重的是一段时间内运营商从每个用户那里所得的收入，是衡量互联网公司业务收入的指标。ARPU 值高说明平均每个用户贡献高，这段时间业务在上升，但无法反映利润情况，因为利润还需要考虑成本。如果成本也很高，那么即使 ARPU 值很高，利润也未必高。ARPU 值的高低没有绝对的好坏之分，分析的时候需要有一定的标准。这个指标在互联网产品、电信运营产品、游戏产品等很多领域都会用到。

人均访问时长，指用户平均每天停留在产品的时间。用来衡量用户使用产品的深度，判断用户使用产品的黏性和依赖度。如 2014 年第 1 季度，婚恋交友网站 PC 端覆盖人数为 8 440.7 万人，用户人均单日访问时长在 4.75 分钟左右，人均单日访问次数在 1.5 次左右。用户对产品的使用时间越长，说明对产品越依赖，商业化价值越高。

ROI（Return On Investment），指投资回报率。这个指标在我们提出体验优化需求时经常会用到，例如，我们提了个人中心改版的需求，在提给 IT 部门前要测算通过改版优化提升哪些指标，能提升多少。然后 IT 部门根据预估的收益与他们要完成这个项目要花费的工时，来评估 ROI，再根据每个项目的 ROI 来为项目排序优先级。当然如果项目上线后，数据指标的提升没有达到预期，那么 ROI 就会变低，对提出需求的人员的专业能力评定会有影响。这个指标也经常用在广告投放中，投得比较准，ROI 就比较高，那么营收增长就会比较快。

付费人数，指购买商品的人数，如抖音直播，付费人数越多，说明主播越火，直播带货的能力越强。

播放人数，指统计时间内观看短视频播放的人数，含自动播放，一人观看多次短视频计算为一人，如抖音短视频，播放次数越多，说明短视频的质量越好。

付费率，指完成付费行为的用户数量 / 总用户数量 ×100%。

付费频次，指单位时间内付款的次数。如抖音直播，如果用户在一小时之内付款很多次，说明付款频次高，如果一小时之内只付款一次，那么付费频次低。

完播率（观看率），指能够完整看完视频的人数比重，完播率 = 看完视频的用户数 / 点击观看视频用户数 ×100%，如 10 个人中有 7 个人看完了视频，完播率是 70%。

DAU/MAU（Daily Active User/ Monthly Active User），指日活跃和月活跃。用户活跃数用来衡量产品健康程度与用户的质量。不同行业特征与产品使用频次采用不同的活跃数指标，例如，航空旅游出行、互联网金融投资这类中低频产品用月活，高频使用的产品用日活来衡量。该指标使产品设计人员了解产品的每日 / 每月用户情况，了解产品的用户增长或者减少趋势。

访问用户量，访问的数量。用户从进入网站（打开 APP/ 小程序）到离开为止的一系列的操作过程称为一个访问。

登录用户量，指一定时间内，APP 或网站上登录的用户总数。登录用户数通常用于衡量 APP 或网站的活跃度和使用情况，是评估其受欢迎程度和经营效果的关键指标之一。

新增（访问、登录）用户量，是衡量营销推广渠道效果的基础指标。新增用户占活跃用户的比例也可以用来衡量产品健康程度，如果产品新用户占比过高，则说明该产品的活跃是靠推广得来的，这种情况非常有必要关注，尤其是对新增用户的留存率情况。

留存率，即一段时间内留存用户数（或一段时间内再次访问的用户数）/ 某周期内访问用户数，用于了解新增用户对产品的黏性和产品的留存用户规模以及产品健康度，是验证用户黏性的关键指标。也可以用来作为产品改版后的重要指标，如果留存率提升了，在不改变核心功能的情况下，则说明设计改版成功。设计师和产品经理通常可以利用留存率与竞品对标，衡量用户的黏性和忠诚度，这也是产品体验最直观的数据。产品对用户需求越强，体验越好，留存率越高。留存周期有次日留存、7 日留存、30 日留存等。

次日留存率，即某一统计时段内新增用户在第二天再次启动应用的比例。如果次日留存率达到 50% 以上，说明这个产品已经非常优秀了。如果次日留存率低说明用户对我们的产品不感兴趣。

7 日（周）留存率，即某一统计时段内新增用户在第 7 天再次启动该应用的比例。这个时间段内，用户通常会经历一个完整的产品体验周期，如果用户能够留下来继续使用，很有可能成为产品的忠实用户。7 日留存率低说明产品的内容质量太差，不能给用户提供价值；

30 日（月）留存率，即某一统计时段内新增用户在第 30 天再次成功启动该应用的比例。通常移动端产品的迭代周期为 2 ~ 4 周一个版本，所以月留存率能够反映一个版本的用户留存情况，一个版本的更新或多或少会影响部分用户的体验，所以通过对比月留存率能判断出每个版本的更新对用户的影响面积，从而定位到类似问题进行优化。30 日留存率低说明版本迭代规划做得不好，功能更新、内容更新、Bug 修复、性能等都做得不好，此时需要重新规划迭代内容，以求为用户带来长期价值。对于一个版本相对成熟的产品，如果留存率有明显变化，则说明用户质量有变化，很可能是由推广渠道等因素所引起。若产品本身满足的是小众低频需求，留存率则应选择双周甚至是 30 日进行监测。一般来说，留存率低于 20% 是一个比较危险的信号。

访问量，即访问的数量。用户从进入应用到离开为止的一系列操作过程被称为一次访问。

PV（Page View），即页面浏览量。衡量网站用户访问的网页数量，判断有页面 / 功能 / 产品曝光在视野内的次数。在一定统计周期内用户每打开或刷新一个页面就记录 1 次，多次打开或刷新同一页面则浏览量累计。用户对同一页面的多次访问，访问量累计。在一定统计周期内用户每次刷新网页也被计算为 1 次。理论上 PV 与来访者数量成正比，但是它不能精准确定页面的真实访问数，比如同一个 IP 地址通过不断刷新页面也可以制造出非常高的 PV。

每次访问页面浏览量，用户平均每次进入网站 / 小程序所带来的页面浏览的数量。

UV（Unique Visitor），即运营活动/页面/功能曝光在视野内的用户数。一个终端只算一个 UV，用户退出重新进来，UV 不累计，用来判断有多少个用户阅读该功能/界面，例如，一个用户一天 3 次进入用户网站，则 UV 只算一。

访问用户人均访问次数，指平均每个用户进入网站/小程序进行访问的数量，= 进入次数/用户量。

每次访问页面浏览量，指用户平均每次进入网站/小程序带来的页面浏览的数量。

点击 UV，有点击行为的用户数。了解用户对功能交互事件点击数量规模，通过用户的点击数量了解用户的使用行为，点击率更能形象地表现功能/交互元素的吸引度。例如，我们在做界面优化时，会分析页面可以点击的元素及功能的点击排名，用来找到用户感兴趣的模块和内容，以便指导设计策略。

CTR（Click Through Rate，点击率），CTR= 实际点击次数/展示量。点击量偏低说明关键词与文案的相关性不高，所以无法满足潜在受众的需求，进而点击量小。可以通过改善文案写作及提高关键词与文案的相关性来提高点击率。

平均访问时间，平均每次访问时长，以分钟作为单位展示，即总访问时长（分钟）/访问量。

访问深度，用户在一次浏览网站的过程中浏览了网站的页数。

平均停留时间，即所有用户的停留时长之和/用户数。用其来衡量页面吸引度，也是衡量网站用户体验的一个重要指标。对于整个产品来说平均停留时间越长，用户黏性越强。针对页面来说，不是所有的平均停留时间，越长越好，例如，表单填写页，如果平均停留时间越长，则体验越差。如果用户对内容很感兴趣，看了很多内容或者在网站停留了很长时间，则平均停留时间长是好的。

跳出率，即当前页退出 APP 并在 30 分钟内未再次打开的用户数/在当前页面的总人数。用来衡量页面内容质量和判断内容是否有吸引力，如落地页的质量，反映用户使用产品的行为。例如，用户进入提问页面，然后跳出并在 30 分钟内未再次打开的用户数有 2 万，用户在提问页面的 UV 为 5 万人，则跳出率 2/5 = 40%。跳出率高说明用户体验不好，用户进入页面后就又跳出去了，落地页没有满足用户的期望与需求，或是人群定位不精准。相反，如果跳出率较低，说明用户体验很好，最起码用户能在第一时间获取自己需要的内容，并且可能还会再次光顾。

退出率，即一个页面的退出次数除以访问次数，可衡量从这个页面退出网站的比例。退出率反映了网站对用户的吸引力，如果退出率很高，说明用户仅浏览了少量的页面便离开了，因此需要改善网站的内容来吸引用户，解决用户的诉求。例如，如果支付流程退出率高，那就要针对现状对流程做优化。

转化率，即在一个统计周期内，完成转化行为的次数占推广信息总点击次数的比率。转化率=（转化次数/点击量）×100%。以用户登录行为举例，如果每100次访问中有10次登录网站，那么此网站的登录转化率为10%，而最后有两个用户关注了商品，则关注转化率为2%，有一个用户产生订单并付费，则支付转化率为1%。转化率是衡量产品盈利的重要指标之一，它直接反映了产品的盈利能力。不同行业的转化率，关注点不同，比如，电商产品要关注销售转化，查看参与活动的用户当中有多少是在活动后产生支付的，有需要的还可以根据数据，分析出人均购买次数和购买金额。再比如，我们监测注册量，就要关注注册转化率，看看这个活动给产品带来多少新增用户。所以转化率可以针对性分析产品在哪些方面做得不足，快速定位到问题点。

LTC（Lead to Cash），指从销售线索到销售回款的整个流程。

A.2　眼动指标

注视时间（Fixation Time）是以某一个兴趣区为单位，被试在这一区域的浏览时间即为注视时间，它反映被试对该区域的兴趣度，时间越长说明用户对该区域越感兴趣。

首次注视时间（First Fixation Duration）表征的是注意度。指被试第一次通过某兴趣区内的首个注视点的注视时间。首次注视时间越长，说明被试对该样本的兴趣越大。

首视时间（First Fixation）是指被试第一次看到某一区域所花费的时间，又称首次进入兴趣区时间，时间越短，表明被试越早注意到该区域，说明该区域越显著，用来评估目标可寻性的效率。

总注视时间（Fixation Duration Total）表征的是吸引程度。总注视时间是指所有落入兴趣区的注视点的持续时间之和，反映了实验材料对被试的吸引程度，时间与吸引程度成正比。

可见比例（Visible Scale），也叫注视百分比，表示看到某一区域人数的占比，百分比越高，则表明看到该区域的人越多，说明该区域越显著，用来评估目标可寻性的有效性。

注视点个数（Fixation Count）反映对信息加工的程度。注视点个数是指落入兴趣区内所有注视点的总个数。注视点过多表示界面布局不合理，元素排列不当，浏览效率较低。

平均注视时间（Fixation Duration Average）表征的是理解度。平均注视时间 = 总注视时间 / 注视点个数，注视时间反映区域内注视点的普遍吸引力大小，受信息加工难度和素材复杂程度影响。

平均瞳孔直径（Average Pupil Size）表征的是喜好度以及情绪唤醒强度。瞳孔大小的平均值可反映被试在实验过程中的生理、心理变化情况。当被试的内心产生强烈的愉悦感时瞳孔会放大，瞳孔直径的大小与喜好度成正比。

任务完成时间（Task Completion Time）表征的是 APP 的操作便捷性。在测试过程中，从被试产生明显提手动作到点击任务区成功的这段时间记录为点击任务完成时间。评估操作便捷性可以了解可操作区域的易用性。

首次点击成功率（First Click Success Rate）表征的是 APP 的操作便捷性，将被试中首次点击任务区成功的人数比例记录为首次点击成功率，用任务完成时间和首次点击成功率两个指标来反映 APP 的操作便捷性。

热点图，指一组测试中的全部用户在页面的关注点的合集，用来判断用户的信息关注点。

眼动轨迹，指用户视线从一个信息点到下一个信息点的路径，用来判断页面布局的合理性。

附录 B　设计模板

B.1　制定设计目标

流程	具体事项
业务目标	
关键因素	
用户目标	
通过用户体验地图了解影响目标的用户群体相关痛点	
将与设计相关的定为设计目标	
设计策略	

B.2 增长模型模板

北极星 指标					
增长模型					
阶段	获客	激活	留存	变现	传播
增长指标	注册转化率、CPC、CPA	DAU/MAU、平均启动次数、平均启动时长	次日留存率、7日留存率	ARPU、LTC	K因子
用户行为路径	浏览广告—在落地页完成注册	下载应用—打开并使用应用	长期使用应用	购买或付费	推荐给亲朋好友
增长策略及机会点	机会点1 机会点2 机会点3 机会点4	机会点1 机会点2 机会点3 机会点4	机会点1 机会点2 机会点3 机会点4	机会点1 机会点2 机会点3 机会点4	机会点1 机会点2 机会点3 机会点4
增长方法	病毒式增长、营销广告、落地页、公众号二维码	新用户引导页	为老用户提供优惠、客服介入	智能推荐、流程优化	分享页面优化
体验衡量指标					
支持系统	业务数据报表	业务数据报表	客服建议、用户使用反馈	性能数据报表	NPS自动化报表

B.3　竞品分析模板

竞品分析目标	业务目标	
	用户目标	
	设计目标	
同类竞品	大型（比产品规模大的）	
	同类型	
设计岗侧重	产品形态、逻辑架构、产品功能、交互评估、视觉评估	
用户体验五要素分析	战略层	竞品如何触达用户？有哪些渠道？是否区分不同类型的目标用户？有哪些细分场景（营销策略）
	范围层	竞品如何让用户快速地找到适合的产品？提供了哪些做决策的依据（运营策略），比如有什么特色功能和服务？
	结构层	针对每个渠道引流进来的不同类型目标用户的×××流程是否一致？每个细分场景的×××流程是否一致？有哪些功能亮点？（逻辑结构）
	框架层	竞品在用户某行为的操作上是如何设计？界面元素设计是如何展现的，有何特色？是否达到最佳效果？
	表现层	在设计细节上有哪些亮点和特色？

B.4 明确增长重点

你的产品在市场中处于什么阶段？	增量市场还是存量市场？
产品处于生命周期的什么阶段？	探索期、成长期、成熟期、衰退期
	画出市场渗透率和留存＋净增长矩阵
产品属于哪个品类？	平台、工具、内容、游戏、社交、电商、SaaS、混合
	画用户付费和社交属性的四象限图
得出增长重点	留存，变现，留存和变现

B.5 通过增长模型制定策略

获客	曝光类广告投放	
	效果类广告投放	
激活	阶段：新用户激活感受 Aha（顿悟）时刻；新用户留存；长期用户留存；流失用户召回	
	动力因素	
	阻力因素	
	增加动力	
	减少阻力	
	助推	
	奖励	
留存	提升新用户留存	精准拉新
		持续上手
		习惯养成
	提升长期用户留存	提升核心功能的使用频次
		增加强度
		提升功能的使用
		增加使用场景
		精细化运营、个性化体验
		避免用户流失
变现	精准的个性化产品和服务推荐	
	付费会员、月卡	
	展现其他用户购买成功信息	
	展示评价	
自传播	商品优惠	
	发红包	
	砍价	
	一分钱抢好物	
	拼团	
	优惠券	

B.6 产品转化流的优化

影响因素	设计策略
动力	增加动力
担忧	消除担忧
阻力	减少阻力
决策	刺激决策

后 记

我从小便喜欢画画，家里会不时出现我的"佳作"。我的父母很开明，不仅没有责怪我，还不断地鼓励我并且有意地培养我这方面的能力。于是，初中时我专门参加了美术班系统学习。当时只是出于对美术的热爱，我很早做出了决定并且义无反顾地走上了艺考的道路。在那段艰辛的岁月里，我得到了株洲市十八中的李志华老师、清华大学的赵云方学长，以及中央美术学院的晏燕学姐提供的帮助，让我顺利地收到了那座梦寐以求的艺术殿堂——中央美术学院发来的专业录取通知书。

大学期间，我通过系统地学习专业知识，掌握了很多相关技能，并且在专业老师工作室做设计项目。有了大学的学习与沉淀，我于 2010 年毕业后，就进入一家业界知名的品牌设计公司做品牌和平面设计。在那里我服务了中国银行、中国平安、腾讯等客户，并且参与腾讯 IMAGE 形象店的 IP 创意设计工作，从中学习如何从设计落地到成品的制作。之后我进入了一家国内 4A 广告公司，接触了互联网广告及 360 度整合营销设计，参与了业界第一条动态广告海报的创意设计。因为业务和工作的需要，我每接触一个行业的客户，就会收集和阅览这个行业的资料和知识。周边朋友觉得我是一个富有创意、天马行空、思维跳跃的人。渐渐地，我发现光有独特的创意是远远不够的。后来机缘巧合，我进入了一家互联网金融独角兽公司，专门从事 UX 方面的设计。对于我而言，这是一个全新的领域，为我打开了另一个世界的大门。这里不但需要新奇的创意，还需要洞察用户需求以及实现其需求的内在逻辑。刚开始的时候，我不太适应这方面的工作，好在有好朋友陈丹做我的导师，教了我一些用户体验方面的知识。同时，我利用业余时间进行相关的学习，快速成长并且能够独当一面。

在这里我要感谢我的领导，无条件地支持我将方法论落地到项目中，也感谢工作中挑战过我的同事，帮助我更深入、更系统地补全自己的不足，让我从一名交互设计专家成长为一家上市公司的设计负责人，进而负责公司的服务体验运营。我不但可以系统地把控整个公司的品牌设计、营销设计、UI 设计，对用户体验设计负责，还通过搭建客户体验评价体系，制定服务体验运营目标与策略，利用全链路设计主导服务体验创新，提升了客户服务及体验满意度，让客户感受到产品的长期价值。

同时我要感谢中电标的袁小伟博士、贺炜老师，感谢辛向阳教授，感谢光华基金会的张琦秘书长，感谢字节跳动的上海负责人朱斌先生，感谢 UXPA 的钟承东主席，感谢浙江大学华南研究院的石峰老师，感谢 IXDC 的胡晓、张运彬先生，感谢 GrowingIO 公司的张溪梦先生等，他们在我成长与奋进的路上给予了很多帮助与指导。

最后感谢机械工业出版社的刘洁老师兢兢业业地帮我审稿、改稿，我们还一起讨论内容和案例。

这本书是我这些年工作经验的总结，虽然我没有在 BAT（百度、阿里巴巴、腾讯）公司工作的经验，但是我通过学习和努力，在传统企业推动了这一系列的工作，通过带教帮助团队内部的设计师转型成为具备全链路能力的设计师，让团队的设计师都能独当一面。现在我们身在运营团队，可以接触到运营策略的设计、复盘，团队结构扁平化。领导的开明让我们能自主驱动业务提升，也赋予了我们更大的发展空间。

2019 年，我在人人都是产品经理平台，输出了我的工作方法论和案例，并进行了总结和复盘。就在那时，我很幸运地收到了机械工业出版社的邀请，写作这本书。没有想到，这一写就是四年。在这四年中，我不断思考自己的工作经历，对它们进行梳理总结，提炼出可复制、易上手的方法论，并且通过实际工作检验和优化它，期待能真正解决读者在工作中遇到的问题。这本书不仅见证了我的成长，也见证了我的宝宝的诞生。35 岁是一个职场人事业发展的黄金期，我将继续发挥自己的作用，为行业贡献更多价值。我也真诚欢迎业界设计师以及对设计和增长有兴趣的读者跟我交流。我们一起成长，抓住时代红利，迅速提升自己！关注我的公众号"予芯设计咨询"来联系我。

万予芯